PARENTING WITH LOGIC

育儿的逻辑

宋明妮 著

机械工业出版社
CHINA MACHINE PRESS

本书用逻辑推导的方法，以始为终，逐步告诉我们如何科学育儿，每一个阶段、每一个步骤都丝丝入扣，具有独立思考的精神。作者并不迷信权威，而是通过自己的思考，找到自己育儿的终极目标，并围绕目标设计出一套科学、严谨的育儿方法，严格执行，最终成功教育了自己的女儿，也影响了很多父母，证明自己的方法可以复制。

本书是作者对于自己20多年育儿逻辑的科学总结，可以帮助家长分年龄段（0～3岁婴幼儿期、4～12岁儿童期、13～18岁青春期）了解孩子在不同时期生长发育的特点、教育的重点和家长自我培养的重点，使家长能够运用符合逻辑的思维方式来养育孩子，身体力行，成为孩子成长的助力。

图书在版编目（CIP）数据

育儿的逻辑／宋明妮著. —北京：
机械工业出版社，2018.11（2019.5重印）
ISBN 978－7－111－61533－0

Ⅰ.①育…　Ⅱ.①宋…　Ⅲ.①婴幼儿-哺育-
基本知识　②家庭教育　Ⅳ.①TS976.31　②G78

中国版本图书馆 CIP 数据核字（2018）第 277460 号

机械工业出版社（北京市百万庄大街22号　邮政编码100037）
策划编辑：姚越华　张清宇　　责任编辑：姚越华　张清宇
版式设计：张文贵　　　　　　责任校对：梁　静
封面设计：吕凤英　　　　　　责任印制：张　博
北京铭成印刷有限公司印刷
2019 年 5 月第 1 版 · 第 2 次印刷
169mm×239mm · 16.25 印张 · 1 插页 · 219 千字
标准书号：ISBN 978－7－111－61533－0
定价：49.00 元

第一章

逻辑推导：培养孩子的终极目标

按照我的评价标准，考上世界名牌大学的孩子也不一定就是真正的优秀。只有经过时间的检验，等到孩子大学毕业，步入社会以后，根据职业发展、思维方式和个人素质，才能判断其是否能担当得起优秀这个称号。

第二章

0～3岁婴幼儿期培养的重点：建立条件反射

这个阶段的孩子需要通过后天学习与强化形成条件反射，才有利于适应自然，而操作性条件反射的建立是儿童行为培养的重要方法。

第三章

4～12岁儿童期培养的重点：学习能力

医学心理学研究表明，这个年龄段是孩子脑功能迅速发展的阶段，生殖系统的发育逐步完善，慢慢接近于成人。孩子的心理发育非常迅速，语言发育也到了最快的阶段，有了语言以后思维也在逐步形成。在这个阶段，家长需要注重孩子的智力培养。

第四章

13～18岁青春期培养的重点：把握叛逆期

青春期和儿童期最主要的分界线在于性的成熟而带来的第二性征的出现。他们开始慢慢建立抽象思维和逻辑思维，能够充分应用思维过程进行分析、判断、推理等来解决问题和寻求答案。

第五章

独立生存能力，成就孩子一生

在传统教育中，很少强调要对孩子进行独立教育，我们提倡的是相互依赖的教育。这样的教育理念造成了我们大多数人，从父母到孩子，没有一个是独立的个体，家庭成员之间界限模糊。

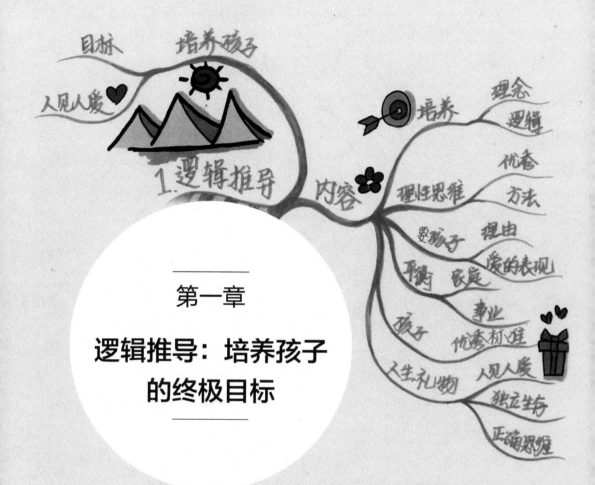

目标　培养孩子

人见人爱 ❤

1. 逻辑推导

培养　理念

逻辑

内容　优秀

理性思维　方法

要孩子　理由

平衡　家庭　爱的表现

事业

孩子　优秀标准

人生礼物　人见人爱

独立生存

正确思维

第一章

逻辑推导：培养孩子的终极目标

很多年以前，当我的孩子还是令人羡慕的"别人家的孩子"时，认识我的家长和老师就建议我写一本关于如何培养、教育孩子的书。我拒绝了。因为孩子当时还没有成年，没有做到经济独立、精神独立并拥有独到的思想，还不足以证明我的方式和理念是否真的可以培养出一个值得用优秀来称赞的孩子。而且，**按照我的评价标准，考上世界名牌大学的孩子也不一定就是真正的优秀**。事实上，很多考入名牌大学被冠以优秀称号的孩子，大学毕业以后，其思想、事业和为人处世都已经泯然众人。如果我培养、教育出来的孩子大学毕业后也是如此，那我的教育理念也就没有什么独特性和参考性，并不值得分享。只有经过时间的检验，等到孩子大学毕业，步入社会以后，根据职业发展、思维方式和个人素质，才能判断其是否能担当得起优秀这个称号。

现在我的孩子已经工作一年多了。她毕业就进入了一家很多人向往的世界500强咨询公司。在这一年中，她工作业绩突出，得到了领导的赏识和客户的青睐，并作为他们公司加拿大地区唯一的优秀青年代表，被选送去参加"世界青年领袖峰会"。同时，她还在多伦多市政府管理下的一个负责全市青年活动的社会组织中担任领导职务。她立志推广环境保护理念，积极参加社会环保组织的各种义务活动。她的优秀已经被社会所认可。至此，我终于可以和渴望培养优秀孩子的家长，分享我的教育理念和方法了。

本书详细地介绍了我的教育思想体系。这套自成体系的"红花绿叶"理论，是我培养孩子最主要的指导思想。如果不能理解我的红花绿叶论的思想和逻辑，即使按照我的方法教育孩子，也会发现固有的思维方式会影响执行力度和操作的流畅性，家长依然会遇到很多自己无法解决的问题。当然，要想培养一个优秀的孩子，家长自我改变的内驱力也要足够强大，只有改变自己固有的思维方式和思想，才能真正在行为方式上发生改变，从而影响和带动孩子的成长。

01

培养孩子时的理念和逻辑

众所周知，作为医生必须要懂一些心理学知识，才能理解病人的心理，给病人以身心结合的治疗。所以，医学院会设立一门基础课叫"医学心理学"。读书时，我第一次接触到心理学的相关知识，有几个概念给我留下了深刻的印象，这几个概念让我意识到了该如何思考，也为我后来应用这些概念和方法，训练和教育孩子提供了理论和实践的基础。（以下内容部分参考《医学心理学》《儿科学》）

第一个概念：人在认识客观事物时，不仅是要认识它，感受它，同时还要改造它。这是人与动物的本质区别。

我们高中所学的马克思主义哲学里面也讲过人与动物的本质区别，包括：

（1）人能制造和使用生产工具从事生产劳动。

（2）人是自然属性和社会属性的统一。

（3）人有语言文字和宗教信仰。

（4）人有意识和抽象思维能力。

因此，**一个人要具备生存竞争力的一个必要条件，就是拥有能够正确认识客观事物，并能够通过思考去成功改造它为己用的能力**。比如，很多人讨论女性如何兼顾事业和家庭的问题，客观情况是有的职业女性因为忙于事业，而没有时间顾家，造成孩子疏于管教，或者有的女性为了照顾家庭，不得不放弃了事业的发展。但是在接受了这个客观事实以后，我就开始寻找一个既不影响事业也不影响教育孩子的职业，最终选择了工作时间有弹性的销售工作。我发现销售业绩与花费多少时间、跑多少客户并没有太大的关系，而与花多少时间思考如何提高客户成功率密切相关。所以我很容易就做到了销售冠军，又有大量的时间和孩子一起成长，并因为业绩出色，不断得到认可而得到晋升。

这改变了很多人纠结的事业家庭难两全的情况，甚至在很多中年男性遭遇所谓升职难的职业瓶颈的时候，我改变了中年女性职业上升更难的客观事实。

第二个概念：心理是脑的功能，人脑是心理产生的物质基础。

人的心理是客观事物作用于人的神经系统引起的一系列反射。思维过程是以词汇为媒介来进行的，没有语言就没有思维活动。心理的发展过程与大脑的不断发育是密切相关的。因此，语言教育一定是在孩子对一些词汇理解的情况下才能发挥作用。**孩子从小接受语言指导和训练，会对思维的形成起到重要的作用。孩子从小建立的良好语言习惯，是孩子未来性格和思维方式发展的基础。**

第三个概念：在学习记忆的过程中，意义识记比机械识记更全面、迅速、精确和巩固。

记忆保持的效果取决于个体对识记内容的理解程度。个体对过去事物回忆的速度和准确性，取决于他所掌握的知识经验是否成体系，是否经常应用。根据这个理论，我得出想要培养一个人的记忆力，最有效的方式就是理解性记忆。判断自己是否拥有理解性记忆能力的一个方法，就是看自己是否可以把所学的知识与其他已经掌握的知识串联应用。

比如，关于玛雅文化的知识介绍，玛雅文化一个重要的观点就是"死并不是人生的终点，而是新旅程的开始"。在以千万年为单位的无尽循环的历史长河中，玛雅人认识到"生与死如同朝露短暂"。这些观点马上让我联想起之前看过的，以玛雅文化为背景的动画电影《寻梦环游记》里面对生死的描述，对阴间各种可爱人物的刻画。人间和阴间人物之间关系的连接方式，完全诠释了玛雅文化的精髓。我很快便理解并记住了玛雅文化的主要观点。

第四个概念：人格包括个性倾向和个性心理。

遗传决定了人格发展的可能性，环境决定了人格发展的现实性。影响一个人人格形成的主要因素包括：遗传因素、社会文化因素、家庭因素、学校教育因素、个人主观因素。这个概念说明：**影响人格魅力的因素中，遗传只占一小部分，更多的是来自外界教育、社会文化以及个人主观意识等。**

一个人拥有什么样的父母，其父母的言行给他造成什么样的影响，他生活在一个什么样的社会大环境中以及他拥有什么样的思维方式，都对他人格的形成起决定性作用。这些因素让我在打算要孩子的时候，认真去思考我要做一个什么样的父母，我要培养一个什么样的孩子，我能为孩子做什么，我要给孩子营造一个什么样的家庭氛围和学习环境等问题。

孩子生下来那一天开始，就要不断训练孩子的大脑，培养孩子对语言的感知和认知，在孩子的大脑中建立良好的条件反射。作为会对孩子产生重要影响的外界条件之一的家长，我们必须要注意自己的言行，以身作则做好孩子人生思维框架建立的奠基人。

至此，我培养孩子的目标和原则已经非常明确，那就是，**把他培养和教**

育成为一个令大多数人喜欢和尊重的人。在成长过程中，我们最先接触的拥有社会权力的人物就是幼儿园老师，慢慢地有小学老师、中学老师、大学老师，最后就是老板、领导。任何我们需要满足而靠自己又得不到的利益，都是需要借助外界力量的。

不同时期的老师都喜欢什么样的学生？这些学生身上有什么共同的品质和素质？上过学的人都清楚，老师喜欢的学生大都学习好、有礼貌、有教养、人际关系良好、乐于助人、有社会责任感等。好学生的这些品质与老板喜欢的员工品质具有一致性。老板喜欢什么样的员工？业绩好、工作能力强、人际关系好、会沟通、有礼貌、有教养、有团队精神、有社会责任感等。这些就是好学生和好员工等人生赢家共通的品质和素质。

当一个人拥有这些品质和素质，学生时期老师、同学都喜欢他，班干部、三好生等各种名誉、利益纷至沓来，各种机会也会不断出现，他比一般的同学更能获得锻炼机会和成就感，从而更加快乐、更加自信，打心底里喜欢上学，很容易进入一个越来越积极努力的良性循环。

当一个人拥有这些品质和素质，进入工作岗位后，无论他走到哪里都会被领导、老板、同事、客户喜欢，各种其他人求之不得的机会都会首先降临到他的身上，他轻而易举就能够获得优渥的物质条件和梦寐以求的职位。同时因为大家都喜欢、佩服和尊重他，他也能最大限度地拥有更多的朋友和机会，在精神层面上拥有更多的快乐、社会认同感和成就感。

我的逻辑是，孩子如果想要让老师喜欢，学习好是必要条件。如果再借助自己学习好的优势去帮助学习不好的同学，那么就会得到同学的喜欢。一个孩子在学校被同学、老师喜欢，能感觉不到学习和学校生活是快乐的吗？因为学习成绩好总是被老师表扬，孩子也满足了自我精神愉悦的需求。

同时，老师和同学都喜欢的学生从人身安全的角度来说，也是最安全的。想要欺负他的人，会因为惧怕老师的权力以及喜欢他的同学的力量，而放弃招惹他。对我们做家长的来说，孩子在学校感到快乐和安全是我们能够全身心投入工作的最基本的保障。

一个从小到大都被老师和同学喜欢的学生，考上名牌大学仅仅是副产品。只要明白这个道理：**学习优秀是孩子能够获得老师和同学喜欢的必要条件。孩子为了追求自己的快乐，就会自觉要求自己保持良好的学习成绩，学习的内驱力也会被自己内心的需求启动起来，而且学习对他来说不仅不是心理负担，反而是他快乐的源泉。这样，孩子的学习就根本不需要家长督促和操心了。**

从小就被培养着拥有主动学习、乐于助人的能力，并拥有强烈社会责任感的孩子，到了大学以后，也根本不需要家长教他如何对待学习，如何与人交往，如何快速地融入这个社会，孩子自己就已经掌握了这些问题的答案并能够游刃有余地应用。

我通过多年的观察和自身的实践体会到，做一个令人喜欢的人，不但生活快乐和幸福，而且因为内驱力，自己也会不断提高，成为一个在社会上拥有很强竞争力的人，可以真正做到生活和事业无恐慌的心灵自由的状态。按照这样的思路培养和教育孩子，对于大多数家长所希望看到的，诸如考上名牌大学、找到好工作、获得经济利益这些功利的成果，不过都是孩子走在自发追逐优秀的道路上，收获的水到渠成的副产品而已。

我作为妈妈能够为孩子做的就是，从小给她打好成为一个令人喜欢的人的基础。比如训练她独立思考和独立生活的能力，训练她拥有礼貌的语言和良好的行为习惯，培养她有教养的态度和得体的社交方式，灌输给她正确的三观，在她开始学习的时候教她什么是正确的思考方法。

02

高级的思维方式培养卓越的孩子

逻辑思维是保障我们生活幸福快乐的重要能力。逻辑思维能力可以防止我们受骗上当；可以让我们学会如何判断所听所闻所见的事情是真是假；可以提高我们对未来生活发展趋势预见的准确性；可以让我们能够快速地发现事物的本质和规律，并应用规律达到我们的目的，从而让我们的生活顺风顺水。

对大多数智力正常的人来说，过得好不好，生活得快乐不快乐与这个人的逻辑思维能力有很大的关系。

很多人因为从小没有接受过逻辑思维的训练和培养，所以不会思考也不爱思考，面对问题时，因为缺乏判断和选择能力，只能采取人云亦云和随大流的方法来规避风险。而这种方法往往会带来更大的风险。

遗憾的是，如果做父母的本身就缺少这样的思维方式，加上我国的教育体系不够重视这方面的内容，那么大量的孩子自然也缺乏这样的思考能力，这些孩子长大以后的生活很有可能不顺利、不幸福。但是，如果父母拥有了逻辑思维能力，能够归纳生活中快乐的规律，那么按照规律去训练、培养孩子，孩子自然就可以适应社会的发展，从而感受到快乐和幸福。

我教育孩子的理念和思路，就是按照我从小学习并掌握的逻辑思维方法分析出来的。而且我应用这个思路培养出来的孩子，经过 10 多年的验证，符合我当初的推论。

从幼儿园开始到小学、中学、大学，我的孩子一直受到老师和同学的喜欢，甚至到现在的工作单位，她都是领导和客户喜欢的人。她不但学习、工作能力强，人际交往能力也很好，还拥有非常强的社会责任感。从小到大，她都是在完成好自己的本职工作之余，参加一些社会活动，这不但丰富了她的工作经验，也让她结识了很多同样优秀的人，并从这些人的身上学到了很多其他领域的知识，对她产生了事业上的激励。而且社会活动又为她本身的职业带来了附加值，让她得到了领导的器重和同事的敬佩，拥有了极大的成就感和自信。

我的女儿 5 年级之前是在中国上的，5 年级以后一直在加拿大上学和生活。在中国的时候，她的学习成绩一直是班里的前三名。**我运用心理学中关于增强记忆力和理解力的理论，让她通过帮助其他同学来验证她对所学知识的理解和掌握程度。**

我告诉她："多帮助其他同学，这是一种验证自己是否学懂了老师讲的知识的方法。如果给同学讲解，对方听懂了，他的成绩自然就会提高，说明这个知识你真的掌握了，会有成就感。如果没有给同学讲懂，说明很可能你也不是完全理解这个知识，那么可以找老师请教或者回家和我们一起讨论，直到真的完全掌握。"

我的女儿按照我说的方法去给学习不好的同学补习功课，发现确实如我所说。她以为懂的知识，在给同学讲的时候出现了讲不明白的情况，她就把问题带回家和我们一起讨论，直到她彻底懂了，再去给需要她帮助的同学讲，同学理解后，考试成绩也得到了提升。同学的家长特意在家长会中找到老师表扬她，还当面向她表示感谢。她不但得到了老师的表扬，也得到了同学的钦佩。

她非常喜欢这种被老师、同学认可的成就感，因此她为了能够更好地帮助同学，就会在上课时更认真地听讲，下课时主动找老师去问不懂的地方，如果老师讲得还不明白，她回家就会和我们讨论，甚至到网上去找高手询问，直到弄懂为止，然后再去给同学讲。

这种学习方式她一直延续到大学。她不但在现实生活中义务给同学答疑，帮助同学理解所学的知识，甚至还在网上给提问的学生解答。她也因为从小培养的这种行为习惯学会了一种牢固掌握所学知识的方法。**这种方法对孩子来说其实是一种双赢，不但自己可以巩固知识，而且对他人也有很好的帮助。这种双赢理念对孩子的思维培养也非常重要。**

她曾经自豪地给我讲过一个发生在她大学期间的趣事。

她当时是加拿大麦吉尔大学软件工程专业的学生，是他们学校著名的学霸之一。她从大学一年级开始就经常在学校的学科论坛上主动回答有理科学习困惑的同学的问题。他们学校很多学生在论坛上得到过她的帮助，但是谁也没有见过她，只知道她的名字。她甚至成了他们学校论坛上的"网红学霸"。她的室友有一次回来告诉她："我今天坐地铁，听到站在我旁边的几个白人男生在说你的名字，好像他们都在论坛上接受过你的帮助，他们相互在问谁见过你。然后猜测你像日本动画片里面那种学霸女生一样，戴一个大圆眼镜，眼睛很小，萌萌的样子。还有一个人猜，会不会这个名字后面是一个团队，而不是一个人。我听到以后特别为能成为你的室友感到自豪。"

在经常解答同学们的问题的过程中，她发现很多同学，特别是白人同学的数学和物理基础知识都很差。而且很多问题十分复杂，单纯通过网上文字讲解有时候说不清楚，需要画图才能理解。她决定把大家的问题收集起来，然后找一个小教室当面解答一次，她就在论坛上发布了一个现场解答问题的报名通知。没想到有150个同学报名，这么多同学意味着小教室容纳不了，必须要找一个大教室，但是大教室需要花钱租用。自己义务给同学解答还要花钱，她就想要放弃现场解答，还是回到网上。于是她把这个情况和自己的想法发布到了网上。没想到她上午刚发完，下午就有学校大社团的领导给她发私信，感谢她无私的分享，请她不要放弃现场解答，社团将为她提供免费的大教室。最后在这个社团的协助下，现场解答顺利举行。她用了4个小时给来听辅导的同学们进行了面对面的讲解，得到了大家的热烈好评和感谢。

从此她的形象也正式在学校曝光了，这为她进入麦吉尔大学工学院的学生会，以及后来参加他们学校最难进的辩论社团打下了人脉基础。其实，她当初做这些事情的时候，并不知道会产生这样的结果，她认为自己不过是做了自己喜欢做的事情而已。但是结果就是她被更多的人关注、喜欢、欣赏甚至崇拜，觉得她不但学习好，而且具有强烈的社会责任感，是一个可以信赖的有能力的人。

如前所说，她毕业就进入了一家世界500强咨询公司。工作以后，她也是因为一贯的为他人服务，以帮助客户解决问题为己任的思维方式，受到了客户公司领导的赏识。客户公司在她工作不到半年时就高薪诚意邀请她加入，她婉言谢绝了。后来由于她在工作项目上表现出色，被公司选为加拿大地区唯一的优秀青年代表，派去参加在哥伦比亚举办的"世界青年领袖峰会"。这个时候，她在公司工作刚满一年。

她的经历和结果，就是对我的教育理念和教育逻辑的完美验证。把孩子培养成一个大家都喜欢的人时，一切希望孩子能够拥有的利益，对她来说都是必然的结果，根本不需要她刻意地去抢去争。而且她因此会生活工作得非常愉快和舒心。这就是我从她小时候开始培养并渴望她在成长过程中拥有的状态。

03

要孩子之前，需要用逻辑梳理清楚的问题

刚结婚的时候我还是一个外科医生，当时没有打算要孩子，自认为不具备做妈妈的能力和条件，不知道爱孩子的妈妈应该有什么表现，与其让孩子生在我家感受不到被爱，不如不要。况且，我不是一个喜欢随大流的人，做任何事情都不会是因为别人都要这么做或者是谁要求我这样做。

我恋爱、结婚不是因为大家都要恋爱或者都必须要结婚，而是因为遇到了一个能够彼此欣赏、尊重、鼓励和支持的人。和这个人在一起我感受到了被尊重、被爱、被鼓励、被永远支持的感觉；我有了和他一起为了共同的生活而奋斗的士气；我得到了可以每天工作、生活得很快乐的感觉。这让我毫不犹豫地走入了婚姻。

同样，如果只是为了抚慰自己内心的孤独、寂寞，而把孩子当玩具，或者为了给自己生一个养老工具，把孩子当成自己唯一的精神支柱，那么这样要孩子的理由我不需要。我拥有自己的事业、理想和生活乐趣，没有无聊、空虚的孤独感。我拥有足够的能力可以得到给自己幸福养老的物质基础。所以我找不到要孩子的理由。并且我们夫妻都不觉得自己的基因有多么优秀，

也不觉得我们的基因有遗传的必要。

直到有一天，我和几个有孩子的护士聊天，她们谈到自己的孩子上学以后越来越不听话，学习不努力，整天被同学欺负，任凭自己如何管教也无济于事等教育孩子的烦心事。当我对她们教育孩子的方法提出异议的时候，她们对我说："你没有孩子所以说说很容易，等你自己有了孩子，就知道教育孩子多么不容易。你太理想化了。"

从那时起，我就开始认真思考教育孩子的问题。我总在想：难道不打不骂就真的教育不出来一个成才的孩子？难道学习对孩子来说就真的是件痛苦的事情？娇惯出来的孩子为什么招人讨厌？令人喜欢的孩子是如何培养出来的？这样的孩子都具备什么特质？如何才能让孩子自觉地喜欢学习和热爱工作？难道孩子拥有快乐的童年和爱学习是矛盾的吗？难道所有的孩子都会在青春期逆反吗？难道女孩子留长发、染头发、扎耳洞就一定学习不好吗？难道孩子喜欢打游戏、追星就一定没出息吗？

我觉得这些妈妈在教育孩子的思想里面缺少一种根本的东西。正是因为缺少了这个东西，才让她们不愿意花时间去理解孩子的感受，去倾听孩子的心声，去感受孩子内心的想法，去站在孩子的角度替孩子思考解决问题的方法。甚至很多妈妈只喜欢孩子小时候可爱的样子，而厌恶孩子成长带来的烦恼。

我思考了很久，终于发现了问题的本质，这些身为父母的根本不懂爱和不会爱。当我们爱一个人的时候，最基本的表现就是愿意花时间倾听对方的想法和诉说，恨不得帮他承担那种委屈和痛苦。我们只有对不爱的人才会听他说话就嫌烦，根本不愿意花时间去陪伴他，也不渴望去理解他，甚至还会咒骂他。

这个发现让我想要为爱而要一个孩子。我要用对孩子的爱来理解他的想法，倾听他的诉说，感受他的内心并和他一起成长。并且我要按照逻辑思维推理的结果去教育我的孩子，看看是不是能够培养出一个从小热爱学习、把学习当成生活的乐趣，不经历挨打挨骂的过程、拥有快乐的童年，身心健康的孩子。我很想知道用我的方法培养出来的孩子与我推理的结果会有多大的差距。

如果按照这种方法培养成功了，我就要把这种方法和思想传授给更多和我的护士同事一样，总是遇到教育孩子问题的家长。这样不但可以避免一些"小可怜"因为学习而被严加管教，还可以让很多家长意识到自身思维方式的问题，学会爱孩子，更多地反省自己，而不是迁怒于一个心智正在成长、非常需要爱的孩子。

结婚 4 年以后，我的女儿按照计划来到了我们家。那个时候我们夫妻唯一想做的事情，就是尽我们最大的努力让孩子对降临在我们家感到幸运和幸福。因此，从当妈妈那天起到现在我都没有放弃过这个目标。

培养、教育孩子并不是只要能生孩子就可以做得好的事情。**决定孩子未来身心健康的关键是负责教育他的家长的思维和眼界。**

选择是否生孩子需要考虑很多因素，比如经济因素、事业因素和家庭因素，抚养教育能力，等等。还有什么比创造一个人的人生更严肃和理性的事情吗？我要这个没有自主选择权的孩子来到我的生活里面，就一定要做到，让他因为降临到我们家而感到被爱的幸福和幸运。

物质条件的保证最容易做到，孩子心理需求的满足却最为难得，这是我有了孩子以后最花费精力的事情。在备孕期间，我看了很多介绍婴幼儿成长发育过程的医学书，比如《医学生理学》《儿科学》等。我要从孩子出生那天起，就开始实施我的培养、教育计划，让她拥有良好的生活习惯、自我控制能力、观察力、理解力、记忆力、礼貌修养……终极目标就是让她成为一个令人喜欢的人。

注意：我的教育理念里一个重要的概念就是令人喜欢而不是讨人喜欢。令人喜欢的含义是因为自己拥有大众喜欢的个人素质和魅力，所以其他人渴望与你产生联结，主动对你示好，希望和你在一起，你拥有挑选是否接受对方的主动权。讨人喜欢的含义是自身不具备大众渴望联结的因素，因此要刻意地去做一些迎合大众喜欢的事情，去讨来别人对自己的喜爱，所以是自己主动示好，渴望和别人在一起，只能被动地被挑选。

因此，培养孩子成为一个令人喜欢的人比教孩子如何讨好他人更难，更需要智慧和技巧。作为孩子来说，成为走到哪里都有人主动围绕、主动喜欢的人，快乐和幸福感就更多、更强，生活也更轻松愉快。

我把孩子带到这个世界上，不是让她来感受人生的痛苦和折磨，让她活在抱怨和委屈中的。我培养孩子的目的就是让她感受人生的美好，感受什么是爱，什么是快乐和幸福，什么是成就感。当然必要的痛苦和经历如果不能避免，我也会让她知道该如何直面应对，如何总结经验教训以激励自己成长，如何不被困难压倒并战胜困难。

我最大的心愿，不是让孩子感谢我生养了她，而是永远听不到她对我给她的人生产生怨恨，不让我因为生了她而感到愧疚和对不起她。从她还没有成为一个种子开始我们就真的从心里爱她！在她长大以后，我要让她知道，她是因为爱而来到这个世界的。

04

家庭和事业如何平衡

很多女性曾经问我："对于职业女性来说，生完孩子以后是要全职带孩子？还是要把孩子交给老人照顾，自己回到职场？有人说为了更好地培养、教育孩子，生了孩子以后应该选择全职带孩子几年。但是全职带孩子的几年会明显感觉脱离了工作和社会，一旦想要重新返回职场会发现自己想要的职位没有了，曾经懂的技术更新了。怎么办？"

面对这样的疑惑，我只想提醒女性朋友思考如下几个问题。

全职妈妈是否真的能够培养、教育好孩子？

孩子在 2 岁之前是学习语言的阶段，这个阶段全职妈妈如何教育？孩子听得懂吗？

新妈妈真的比有养育经验的保姆或者父母更懂如何照顾 2 岁以内的孩子吗？

全职妈妈是培养、教育出优秀孩子的必要条件吗？

孩子多大时才需要开始进行教育？为什么说父母是孩子的镜子？

我在孩子小的时候没有选择做全职妈妈，并不是因为老公养不起，而是我觉得根本没有必要。孩子小的时候需要的是照顾和训练，比如训练孩子说话，训练孩子自己吃饭，训练孩子控制大小便，等等。这些事情，新妈妈就是全职天天在家，也未必比养育过孩子的父母或者保姆更有经验。孩子在很小的阶段时，不需要妈妈天天、时时的陪伴。孩子在婴幼儿时期大多数时间是在睡觉、吃饭、玩儿，他们刚开始认知这个世界，还谈不上需要教育和培养。他们需要的是学会吃饭、说话、走路和控制大小便，这些事情不是一定跟着妈妈才能学会。

而当孩子学会说话的时候，说明他们的思维开始形成，这个时候才需要培养和教育。而此时，新妈妈是否需要做全职妈妈呢？是不是妈妈每天在孩子身边，孩子就能培养得比非全职妈妈的孩子更优秀？其实，这与妈妈本身的思维方式和素质有关，与妈妈陪伴的质量有关。

我从孩子6个月大时就回到了工作岗位。当时我婆婆过来帮我照顾孩子。我每天下班以后，负责买菜、做饭。婆婆先吃，我带孩子。婆婆吃完替换我，我再吃饭、洗碗、打扫厨房。然后整个晚上都是我自己带孩子，让辛苦一天的婆婆休息。

我婆婆是湖北人，说家乡话。我曾经担心孩子白天和她在一起会学说一口家乡话，所以我在孩子学说话期间，只要和她在一起就不停地和她说话，让她习惯我的语音、语调。不管她是否能听懂，我什么都和她说，甚至包括我白天工作的情况。我发现每次我和女儿说话，她都看着我，认真地听，就跟她能听得懂似的。直到有一天，她开口的时候说的是普通话，我的担心才消除。

我发现了这样一个事实。孩子在学说话期间，即使带她的人说话有口音，只要每天能够和妈妈在一起，听妈妈说普通话，加上她的生活环境中都是说普通话的人，那么孩子一旦开口说话，也是普通话。如同很多广东人在北京生的孩子，即使他们家里说广东话，孩子也会说一口标准的普通话。大环境影响了孩子的口音，与谁带关系不大，甚至有的孩子可以说两种或三种不同的语言，比如双语家庭长大的孩子。

孩子的睡觉习惯、吃饭习惯、大小便习惯等都是我培养的，而这种培养同样不需要时时陪伴，只需要给孩子建立一个条件反射系统就可以了。即使我离开，建立起来的方法照样可以重复。比如睡觉的习惯，只需要每天晚上在同样的时间做同样的事情就可以了。

随着孩子的长大，我觉得有效陪伴比无效的整天腻在一起更重要。一个自己都幼稚不成熟、不懂人情世故的妈妈，即使全职也很难培养出懂事的孩子，相反孩子可能天天模仿她各种不懂事、不成熟的言行和表现，不但不会优秀，而且很容易变成人人讨厌的"熊孩子"。一个精神不独立的妈妈，她的全职陪伴也许会让孩子完整地继承了她的思想和行为。这难道不更可怕？

我要用自己的行动展示给女儿，一个女性如何对待生活和工作才能让自己真正感到快乐。我非常认同"父母是孩子的镜子"这句话。**父母是原件，孩子是父母的复印件。父母的言行和眼界才是孩子的人生起跑线。**

我希望我的女儿经济和精神双重独立，成为一个优秀的职业女性，那么毋庸置疑，我自己就必须先要做到这一点。我不需要要求我的孩子成为什么样的人，她只需要经常照我这面镜子，然后去做就够了。在对孩子的培养和教育中，**我从没有提过你必须要怎样的要求，我只是告诉她，我遇到这样的事情是怎么想、怎么做的，给她提供可以模仿的方法和思路。**

很多人会把家庭和事业当成一对矛盾对立起来，似乎照顾家庭就必定耽误事业。我的家庭是以爱情婚姻为基础的，我们夫妻相爱，在家庭生活上我们都很珍惜彼此和照顾彼此。我们都是有事业的人，知道对方在工作中很辛苦，因此在家庭生活中都会主动承担家务。同样我们在事业上也会相互扶持和鼓励。我的老公从来不认为我是女人就要多照顾家，相反，在我的事业处于上升期时，他照顾家反而多一些。只不过我们家教育孩子的责任是我自己主动承担下来的。

我的家庭生活和事业并没有冲突。我白天上班，下班依然买菜做饭。我的老公下班负责做其他家务，比如洗衣服、收拾房间等。这个时候，我就会带孩子看动画片，和孩子聊天，了解她的心情和学校的情况，我每天晚上下班以后的时间都是给了家庭。我工作的时候不会考虑家庭问题，在家里的时候也不会考虑工作问题。我觉得家庭和事业是相辅相成的，并不是矛盾关系。我对待职业的态度，每次职业的上升都是给孩子做的榜样，也是我的老公欣赏我，爱我的源泉。

　　在我的生活中，家庭就是一个团结齐心的团队。我、老公、孩子和父母在这个团队里做着自己应该做的工作。在实现整个团队目标的过程中，大家齐心协力。这正是职场中团队合作的精髓。只有团队中的每个人都把自己的能力发挥到极致，这个团队才能成功。所以团队的目标怎么会和每个人的具体工作是矛盾的呢？

　　把家庭生活和事业发展对立起来的一个原因，可能就是这个家庭中的每个人都没有找到自己应该在家庭中所承担的角色和所处的位置。比如，夫妻中的一方只关注自己的发展而让另一方做出某种牺牲来成全自己。很多丈夫以自己的职业发展，要挣钱养家为借口让妻子放弃职业追求，让妻子承担照顾家庭和他的责任。遗憾的是客观事实证明，一些打着挣钱的旗号，挣不到钱也养不起家的男人，往往还并不体谅和承认妻子放弃自己的事业为家庭做出的贡献。

　　我的经历可以证明以下几点：一是职业女性照样可以婚姻幸福、事业有成，家庭和事业并不是矛盾对立的。二是职业女性照样可以培养出优秀的孩子，妈妈自身的能力和眼界才是重要的。三是妈妈是女儿的镜子，想要女儿优秀，妈妈必须展示优秀的一面给女儿看。

05

我送给孩子的人生礼物

（1）做一朵人见人爱的红花

现在一谈到孩子的教育问题，往往都集中在孩子的小学、中学阶段，而且侧重点都是围绕选择什么样的学校，培养什么样的兴趣爱好，上什么样的补习班，等等。**很少有家长会把教育孩子的重点放在培养孩子要成为一个什么样的人上。**

家长思维方式不同，对成为什么样的人才算优秀的标准也就不同。但是学习成绩是一个硬指标，更容易衡量，也更便于明确努力的方向。因此，**家长心里普遍存在一个衡量教育成功的标准：考上理想的大学，孩子就算优秀，就算教育成功了**。对孩子的教育都是以能够考上大学为目标。孩子是否优秀以考上什么样的大学为衡量标准，甚至很多家长认为上了名牌大学，孩子就是最优秀的了，未来前途无量就是必然。从来没有人质疑过，这个结论是真的吗？客观事实是什么？客观事实是很多名校毕业的人最终都沦为平庸之辈，并没有为社会和人类的发展做出多大贡献。

在我的事业和生活理念里面，靠自己实现梦想的人才算优秀。很多人靠父母的关系找到理想工作，靠父母的钱过上想要的生活，靠继承父母的公司成为大企业管理者，这些人都算不上优秀。这个结果能证明的就是他们的父母确实配得上优秀这个词。我不希望我的女儿成为一个因为能力不够而与自己的梦想擦肩而过，过得不开心、不快乐的孩子。

那么如何培养出一个靠自己能力可实现梦想的孩子，培养出一个优秀的孩子呢？我曾经花了很多时间来思考这个问题。

首先，大多数人感觉不幸福、不快乐主要是因为内心的需求得不到满足而缺乏安全感。这种内心的不安全感往往来自两个方面，一方面是自身的能力无法满足自己的需求；另一方面就是想要借助他人的能力，但是又无法对他人产生良好的控制。在这样的情况下，人的心理就会因为需求得不到满足而产生抱怨、生气、愤怒等不良情绪，这样的情绪就会导致一个人的心情沮丧、痛苦。

比如，最常见的家庭矛盾往往是因为家庭成员没有能力挣到更多的钱来满足家庭生活的需要，没钱买质量好的用品，没钱买房子、汽车等，从而产生生存和生活的不安全感。还有，最常见的情侣之间或者夫妻之间的吵架、生气，往往是因为一方没有按照另一方的想法和要求去做，而产生对彼此情感稳定性的怀疑。大众生气的理由之一就是对方不听话，其实就是一方无法控制另一方的思想和行为而产生的抱怨而已。

因此，内心极度缺乏被满足的安全感的人，最容易感受到不快乐。比如缺钱、缺爱、缺赞扬、缺关怀、缺认同……各种物质或者情感缺失的人都有可能成为不快乐群体的主力。

我还发现人快乐幸福的感觉主要来自以下几个方面：

在社会交往层面上，被很多人喜欢、欣赏、尊重、赞扬、关注、关心、关怀、帮助等，可以获得很多利益的人，往往有很强的安全感，因此他们就会展现内心快乐的一个重要表现形式——自信。

在个人精神层面上，自我的成就感（比如完成一个自己想要完成的事情），做自己有兴趣或者喜欢的事情（比如，吃美食、学到自己想要的知识和技能），听到自己喜欢听的话（比如，别人的赞美、幽默风趣的话），看到自己喜欢的东西（比如书、电影、风景），被爱的感觉（比如，父母、爱人），等等，这些可以让自己感受到愉悦从而产生快乐幸福的感觉。

综上所述，快乐幸福属于心理层面的感受，而能够产生这种感受的因素不外乎物质和精神这两个方面。因此，我的思考点也就是，如何让孩子得到物质满足和精神满足。让孩子得到这些要么别人给，要么自己拥有。别人给的或者有条件才给予的，一旦不给或者条件失去就会拿走，那么孩子就无法得到真正的快乐。

因此，想要最大限度地感受到快乐幸福，就要学会获得快乐的技能和拥有感受快乐幸福的心理，拥有一种内心的安全感。并且这个安全感一定是来自自己对自我需求的满足，而不是靠发挥控制欲要求别人给予的。从物质方面来讲，想要靠自己来满足自己的物质需求，就必须拥有能够挣钱的能力。这样才能做到，自己想要什么都买得起、吃得起。在精神方面，就要多培养一些能够让自己产生快乐的兴趣爱好，懂得爱、学会爱，学会成为一个大多数人喜欢的人。

当一个人具备了人见人爱的红花特质，那么他内心不论物质的需求还是精神的需要，都会因为拥有足够的人脉和足够的能力而轻易达成，内心也会得到需求被满足的快乐感受。

（2）独立生存的能力

几年前，女儿上大学以后，我就回国做自己想做的事情了。朋友们听说我回来，就组织了一个聚会。其中几个女性朋友的孩子要去美国上大学，有的是去上本科，有的是去上研究生，大家自然就讨论了起来。谈话中她们无一例外地担心自己的孩子到那里的生活会出现很多问题。不会做饭怎么办？吃的早餐不营养怎么办？生病了没有人照顾怎么办？和同学相处不好怎么办？学校宿舍只让住一年，以后找房子遇到困难怎么办？等等。因为她们的孩子从来没有离开过家，从来没有离开过父母的照顾。甚至还有人决定办停薪留职，陪女儿一起去美国，照顾女儿半年，等她觉得孩子可以照顾自己了再回来。

我默默地坐在那里听着她们说着各种担心一直没有参与。她们问我："你把女儿一个人留在加拿大不担心这些吗？"我笑着告诉她们这些担心我根本没有，因为我的孩子在上中学的时候，就已经拥有独立生活的能力了。

从小爸爸就教育我要独立。我记得小时候爸爸经常对我说："爸爸妈妈会老，你不可能靠父母一辈子，你必须学会靠自己独立生存，学会如何战胜各种困难。你必须勇敢和坚强地去为自己的生活努力奋斗。"爸爸不仅是这么说的，也是这么做的。我5岁学游泳，6岁学滑冰，10岁开始学做饭，而且很快就给全家人做饭。

我很感谢爸爸对我的培养和教育，让我成了一个不但经济独立，而且精神上也非常独立的女性。所以，我也很愿意用爸爸的教育理念来培养女儿。我希望女儿能够生活和工作得更好。

我对孩子独立性的培养其实从她上小学时就开始了。比如，我从来不陪她写作业。她只要开始写作业，我就不打扰她，去做自己的事情。我告诉她在写作业中遇到任何问题可以来问我。**我从来不在乎她的分数**。因为我知道她为了获得老师和同学的喜欢，一定会努力学习。**但是我很在乎，她是否学懂、学会了**。如果她考试成绩不好，我从来不责备她，而是安慰她，因为我知道她心里更难受。然后和她一起分析，为什么会出错。如果是知识点不理解，我就会给她讲，直到她完全理解。我还让她用帮助学习不好的同学的方法，去验证自己是否真的理解了，学懂了。如果是因为马虎出现的错误，我就一句话："下次注意就可以了。"因为我自己都做不到不马虎，所以没有资格指责孩子。

我更在乎孩子的人格培养。孩子学习钢琴时，我在乎的是**培养她的毅力和恒心，体验失败和成功的感受，体验人生很多必须经历的心理过程。**至于她弹得是否专业，我并不在乎。她练习的时候，我从来不在旁边陪着。但是她上课时，我会坐在后面认真记笔记，把老师说的重点记下来。**我要让孩子知道，老师在什么情况下会为她高兴，什么情况下会对她表示不满。她想要成为一个令人喜欢的人，这点必须学会理解和感受。**其他的都不重要。

从女儿上 9 年级开始，我就再也没有给她做过早饭。我告诉她："你已经是高中生了，很快就要去上大学，你上了大学我就回国。所以你必须学会自己独立生活，而且还要生活得好。趁我现在和你在一起，你要学会如何安排自己一个人的生活。以后早饭你就自己安排，而且你要开始学习做饭。做饭是一种让自己过得好的生存技能。你以后想吃什么自己都会做，就不用跑到很远的地方去吃了。对于吃货来说，没有什么比自己会做更幸福的事情。所以从现在开始我要教你做中餐。"女儿很高兴地接受了这个决定。

我们当时说完就开始行动。我让她想好第二天早上要吃什么，然后我们俩便奔向超市，把她想要吃的东西都买回来。第二天早上，我和她一起起床，并指导她自己拿专门煎鸡蛋的小煎锅，煎了一个鸡蛋。她说："妈妈，你去睡觉吧，剩下的我会。"我告诉她吃完后要把餐桌和厨房收拾干净再离开，她答应了，我扭头就走了。

从此以后，她每天早上洗漱完毕，自己准备早餐，吃完以后会把餐桌和厨房收拾干净，再去上学。虽然我后来再也没有给她做过早饭，但是因为我的房间和厨房就隔一堵墙，她开冰箱、刷碗的声音我都能听到，所以她起床我知道，我会不自觉地竖着耳朵听她的动静。开关冰箱门、倒牛奶、烤面包、刷餐具、拧大门把手、关门。直到这些声音消失以后，我才睡回头觉。

后来她学会了做中餐，也学会了做西餐，还会烤各种饼干点心，经常做完拍照片给我们看。看到她自己一个人的生活有滋有味，我们不但感觉很放心，也有很强的成就感。

这些在女儿很小的时候就养成的独立精神和生活习惯，让我从不担心她离开我之后的生活状态。事实证明，这些也让她在之后的大学生活中、职业生涯中靠自己的努力得到了很多的机会，比其他同龄人成长得更快、发展得更好。

（3）正确的思维方式

我的孩子从小到大，从来没有被责骂过一句。因为我认为我是她的镜子，如果她做错了也是模仿了我，我会反思是我哪里的言行出现了问题，给了她错误的引导或者示范。我不会因为自己的错投射到孩子身上，而去责骂或者抱怨她。

在孩子面前我非常注意自己的言行，这是给孩子建立一个正确的思维方式的基础。我非常认同思想决定言行，乃至最后影响一个人的命运的观点。因此，在思想形成阶段给孩子打下一个良好的思维基础和培养正确的思维方式是非常重要的。

说到思维方式的建立，还要归功于爸爸对我的教育。我从生下来的第56天就跟着爸爸一起生活，我接受的主要教育都来自爸爸，我的模仿对象也是爸爸。

爸爸从来没有看过有关儿童教育的书，也没有学过什么教育理论，他对我的教育方法都来自他对我的爱。在我的成长过程中，不管我提什么要求，爸爸都不会直接简单粗暴地拒绝，而是经常让我说为什么要提这个要求。如果他觉得合理就会答应；如果他觉得不合理就会给我讲，我的要求哪里不合理，在什么情况下才是合理的。甚至我小时候说谎，爸爸也并不会马上指出我在说谎，让我很没有面子，而是会抓住说谎的漏洞提问我。

我小时候最爱玩儿的游戏是猜谜语、下棋，最喜欢看的书就是侦探类的书。因为这也是爸爸喜欢玩儿的游戏和喜欢看的书。我可以经常和爸爸一起下棋，一起讨论福尔摩斯，我们有很多共同语言。

现在回头看，爸爸就是我的镜子。我的思维方式就是在和他一起聊天、玩儿游戏、看书中建立起来的。爸爸在和我讨论的时候，告诉我："我说的也不一定对，所以你觉得我说得有任何不对的地方，都可以提出来反驳我。只要你反驳得对，我就按照你说的做。同样，如果我说得对，你就要按照我说的做。"所以我小时候，经常被其他人说我和爸爸说话没大没小，但是爸爸却不认为我这是没大没小，还总夸我聪明，说我的很多观点可以证明他考虑问题不周到，让他也很有启发。

这些生活中点点滴滴的教育慢慢地让我养成了一种思维方式。我这种思维方式让我在生活和工作中能够快速发现问题和解决问题，并对事物发展有很强的预见性，让我总是能走在大多数人的前边。因此当我有了孩子以后，我毫不犹豫地决定，我要按照爸爸对待我的方式培养孩子，甚至在他教育我的基础上与时俱进。

在我的孩子小时候，不管她提出什么要求，我都像对待大人提出的要求一样重视。我会问她为什么会有这样的想法，而不是简单说可以或者不可以。当她给我一个合理的理由的时候，我会马上夸她，并鼓励她去做。

比如她说："妈妈我想要学弹钢琴。"

我会问："你为什么想要学弹钢琴呢？"

她如果说因为谁谁在学弹钢琴。我就会问："她学钢琴，你就也要学吗？你为什么要跟别人学呢？你为什么不让她跟你学不弹钢琴呢？"

如果她答不上来，我就会继续问："你是想要让她学你不弹钢琴，还是坚持想要学弹钢琴？"

她说："想学弹钢琴。"

我说："那你就要再说一个理由。因为跟别人学不应该是你想学这个乐器最合理的理由。"

　　她说："因为钢琴好听。"

　　我问："你是说弹出来的钢琴曲好听吗？你也想弹出那么好听的曲子是吗？"

　　她说："是。"

　　我说："那你知道想要弹出那么好听的曲子需要很多时间去练习，你能坚持吗？"

　　她说："能。"

　　我说："你想要弹出好听的曲子这个理由，我很支持。我同意给你买钢琴，而且我们一起坚持好好学，直到你能弹出好听的曲子来好吗？"

　　她说："好。"

　　类似这样的探讨性对话，在我和女儿之间一直进行着。慢慢地我的女儿在我对她提出要求的时候，也会问："你为什么会这样要求我？"我就要给她说一大堆的理由，让她自己判断我的理由是否合理。

　　当然她也会指出我的话中不合理的地方，来拒绝我的要求。我不会因为被拒绝而生气，相反我会因为她能够独立思考而高兴。因为我知道，时代变了，我过去的经验不一定适应她生活的时代，所以我的观点还真不一定就是对的。因此我很喜欢听她讲一些新观点、新视角的东西。她否定我的同时也给了我新的启发，给我的知识来了一次更新。我从来不怕孩子挑战我，就怕孩子不爱动脑子、人云亦云，这是我和其他家长不同的地方。

　　我培养孩子这种正确的思维方式，还有一个目的就是防止她受骗。这样，她对任何人说的观点都会在自己的大脑里面质疑一下。除非对方给的理由符合逻辑，否则她就会警惕，并不会轻易相信，盲目地执行。这也让她在独立生活中学会了保护自己的能力。

　　在培养孩子的过程中，最忌讳的就是家长总要求孩子听话。很多家长从

来不想，自己说的就一定对吗？自己生活和工作中的所有问题都能解决吗？如果不能，说明自己的判断和思考也未必正确。那么为什么不听听孩子的想法？他们更年轻，思想更接近当下，说不定他们的想法在当今时代更行得通。

有一段话被广泛转发，不知道原作者是谁，在这里借用一下作为第一章的结语。

给孩子一个空间，让他自己往前走；

给孩子一段时间，让他自己去安排；

给孩子一个条件，让他自己去锻炼；

给孩子一个问题，让他自己找答案；

给孩子一个困难，让他自己去解决；

给孩子一个机遇，让他自己去抓住；

给孩子一个冲突，让他自己去讨论；

给孩子一个对手，让他自己去竞争；

给孩子一个权利，让他自己去选择。

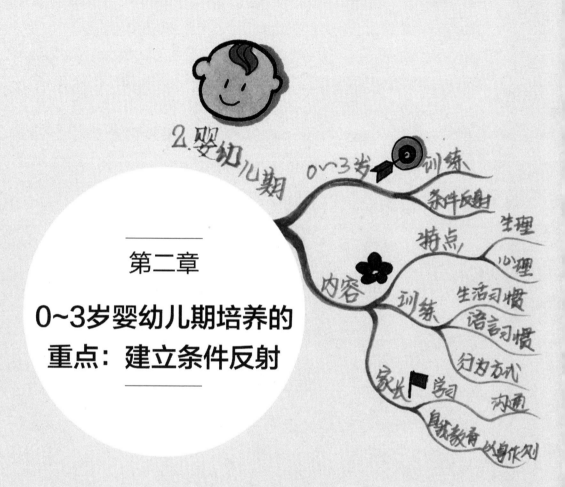

2.婴幼儿期

0~3岁

训练

条件反射

特点

生理

心理

内容

训练

生活习惯

语言习惯

行为方式

沟通

家长

学习

身教教育

以身作则

第二章

0~3岁婴幼儿期培养的重点：建立条件反射

01

0~3岁婴幼儿期生长发育的特点

医学心理学专家研究发现，早期婴儿神经反射分为原始反射和姿势反应。1~3岁的幼儿出现的往往是直觉行动思维，这是思维的初级形式。思维过程是以词汇作为媒介来进行的，借助于某种形式的语言完成，没有语言就没有思维活动。

幼儿在1~2岁时会产生想象的萌芽，但是孩子4岁前的想象力还是很零散的。所以这个阶段的孩子需要通过后天学习与强化形成条件反射，才有利于适应自然，而操作性条件反射的建立是儿童行为培养的重要方法。我就是根据这个知识，在孩子处于这个年龄段的时候，有针对性地利用条件反射的原理培养了她很多良好的生活习惯。

新生儿对光和温度的反应很敏感。2~3个月的婴儿对人脸和活动的物体感兴趣。3~4个月的婴儿开始能够辨别色彩，对明亮、鲜艳的色彩，特别是红、黄、绿感兴趣。1岁儿童可以出现10~15秒的随意注意。新奇、鲜艳的刺激可以使2~3岁的儿童集中10~20分钟的注意力。

在这里要提出心理学的两个重要概念——再认和再现。

再认是当经历过的事物再次出现时仍然能够确认出来的能力。再认的速度和准确性取决于以下条件：

（1）对事物识记的巩固程度。

（2）眼前事物与头脑中过去事物的相似程度。

（3）思维活动的积极性。

比如，我们教孩子认字，需要经常不断地重复让他看到，这就是提高再认能力。我们读书就是再认能力的体现，里面学过的字，再看到还可以认识。

再现就是回忆，把过去曾经经历而当前并非作用于我们的事物，在头脑中将其映象自行呈现出来的记忆过程。一般这种能力的发育要比再认迟缓一些。背诵就是再现能力，比如孩子不识字，但是她照样可以按照家长教的儿歌背出来。

认识字和能背诵是两个概念，我们读报纸时不经过刻意地反复背，看一遍是背不下来的，但是我们拿到报纸就可以读，这就是再认和再现的本质区别。

再认是用眼，再现是用脑。在犯罪学里面，辨别罪犯靠再认能力，比如，找几个人过来问见没见过。而描述当天发生的情况靠再现能力，比如描述那天下雪，当时自己站在什么地方，看到了周围有什么，听到了什么声音，等等。

这个阶段的孩子记忆力是短暂的，一般来说1岁的孩子对人或物的再认能力大约只维持数天，2岁时可达数周，3岁时延长到数月。所以很多父母都有这样的体会，带着孩子见自己的朋友，孩子开始认生，等熟悉以后便高兴起来，但是过一段时间，再带着孩子去见这个朋友，孩子又会用警惕、害怕的眼神看着这个他曾经认识的长辈。很多妈妈还会和孩子说："你怎么不认识了？这就是你见过的某某阿姨呀。"如果大家知道这个年龄段孩子的记忆特点，就不会奇怪孩子的这个反应了。

很多家长因为重视对孩子的培养，希望孩子从小眼界开阔，所以孩子1岁左右时就带去迪士尼，或者出国旅游，以为带着孩子去这些地方会增长孩子的见识。其实如果家长了解孩子智力发育的过程，就会知道这样的行为其实是徒劳的。带1岁左右的孩子去迪士尼，他的记忆力也就几天，隔一周再带他去，他还会觉得新奇，跟没有去过一样。所以带这么大的孩子出门，经常在家周围逛，也可以给孩子新鲜感。因为孩子还没有长期记忆，在孩子眼里，迪士尼和楼下街心公园的区别并不大。

所以根据孩子这个时期的记忆特点，带他们出国旅游的意义并不大。因为他们的记忆能力只能维持数周或数月，根本无法达到开眼界的目的。我记得女儿3岁的时候，在三峡工程开始施工之前我们带她去三峡，本来想要带孩子看看这里最后的美丽风景，因为以后再也看不到了，结果她现在完全不记得三峡什么样子了。

这个阶段的婴幼儿需要睡在一个温度舒适的环境中，不要太冷，也不要太热。适宜的温度为 20～22 摄氏度，湿度最好保持在 55%～60%。有些家长经常对孩子过度保温，夏天室内温度超过 22 摄氏度也会以怕孩子着凉的名义不开空调，而且还给孩子包裹得很严，造成孩子烦躁哭闹、睡觉不安、食欲下降，甚至因为过度受热而诱发很多疾病。在冬季给孩子穿得过多容易造成"婴儿捂热综合征"，医学上也叫"婴儿蒙被缺氧综合征"。其症状包括：发烧、大汗、脱水、抽搐昏迷，乃至呼吸循环衰竭，是一种婴儿冬季常见病。

因此，儿科专家呼吁，在寒冷的季节，特别是现在很多家庭生活条件良好，冬天屋子里有暖气的情况下，切忌把婴儿包裹得过紧、过严、过厚，更不能无限制地在婴儿被褥周围加热水袋等散热物，切忌给婴儿蒙被睡眠或用棉被堵塞其口鼻，以防影响呼吸，也不要把新生儿置于母亲腋下睡眠，或让婴儿含着乳头睡觉，提倡母婴分被睡眠。

1～2岁的宝宝身体快速增长，开始具备最基本的大肌肉运动能力，能站能走之后，宝宝的生活范围扩大，大脑迅速发育，开始产生探索世界的愿望。这个阶段是语言发展的关键期，也是生活习惯养成、认知学习启蒙的重要阶段，应该给孩子提供良好的语言环境。不管孩子是否能听懂，家长都要用正确的语法、发音与孩子说话并鼓励孩子模仿。可以让他听儿童歌曲，给他讲故事，让他用蜡笔画画，也可以让他认识字卡片，跟他做一些简单的游戏。

这个阶段的儿童因为语言能力常常不足以表达自己的需要，所以直观的肢体表达用得更多。语言发育落后的孩子由于不容易被他人理解，经常会表现得脾气暴躁。很多人反映，这个年龄段的孩子在交往时容易出现肢体碰撞，比如在儿童娱乐场所，4岁以下的孩子一起玩儿，因为孩子之间无法交流，语言发育迟缓的孩子就会采取推拉甚至拍打其他孩子的行为，来满足自己的需要。

所以我建议家长针对喜欢动手打人的孩子，在家就要注意培养孩子的语言表达能力和语言的理解能力，这也是培养孩子智力发育的一个很重要的训练。如果大家回忆自己小学时候的经历会发现，班里喜欢动手打人的学生，一般学习能力都不突出，他们对知识的理解能力和语言表达能力都不是很强。这也是因为他们小时候，家长忽视了对这种能力的培养。

因此根据以上这些医学心理学知识，针对孩子在这个年龄段的生理和心理特点，我明确了0～3岁的孩子最主要的培养目标，就是条件反射的训练和良好的语言习惯、生活习惯的建立。

02

0~3岁婴幼儿期的育儿重点：条件反射

很多人可能都会有这样的经历，经常听到年轻的妈妈们夸奖她们的孩子多么聪明，甚至从来不考虑智商遗传因素，就是觉得自己1岁的孩子聪明绝顶，能够听懂大人说的话，讲的道理，都不需要刻意训练，孩子就能学会某种技能。

我必须说，这都不是真的！科学研究成果以及理论知识的来源，我都在上一个小节里面列出来了。同时我不仅有科学理论做支撑，还有将这些理论应用到现实中，培养、教育孩子的实践经验。

我曾经养过狗。养过狗的人都会有这样一个体会，狗经过训练以后，主人都会觉得自己家的狗特别聪明，听得懂人话。我也觉得我家的狗出奇地聪明，但是我非常清楚对狗的训练不是给它讲道理，而是应用了巴甫洛夫的条件反射原理。狗的那些所谓能听懂人话的表现，不过是一种对某个伴随声音的手势动作，在某种刺激的条件下做出的条件反射而已。

经典条件反射（又称巴甫洛夫条件反射）是指一个刺激和另一个带有奖赏或惩罚的无条件刺激多次联结，可使个体学会在单独呈现该刺激时，也能引发类似无条件的反应。心理学研究结果表明，3 岁之前的孩子主要神经反射就是条件反射和行为反射。所以 3 岁之前的孩子按照训练狗的方式加以训练，也会做得了很多动作。这与是否能听懂大人的话无关，而与建立条件反射的条件以及发出指令动作有关。

医学心理学表明，思维产生的基础是语言，而思维的间接性和概括性是思维的主要特征。一个人能听懂别人的话要以一定的语言词汇积累为基础，在这个基础上才能形成理解力、判断力、分辨力等。对于刚来到人世，刚开始学说话的孩子来说，他们的神经系统还在发育中，语言体系还没有建立，甚至连词汇含义都不知道。当他们拥有的词汇还无法连接成句子，他们的理解力哪里来？没有对句子的理解力，怎么可能听懂大人的话呢？

大家可以回忆一下神经系统已经发育完善的成年人学英语的困难。我们从小学开始学英语，有几个人能够听懂英文电影的台词？

所以类似"不要小看婴儿，其实他能听懂大人的话，所以要耐心地和他讲道理"这样的儿童教育理念并不一定科学。学了那么多年的英语都听不懂英文电影的台词，和一个刚学说话的孩子听不懂大人说话有什么区别？况且成年人至少还有一定的生活经验和理解力，还能根据情景做出判断，而一个刚来到人世，什么都没有经历过，在不会说话的情况下怎么能够准确理解大人说的很多抽象词汇呢？

这个年龄段的孩子的思维是以动作为基础的，因此我对孩子 3 岁之前的训练根本不靠讲道理，而是使用一些刺激条件和我的声音以及面目表情训练孩子的条件反射。主要内容包括以下几个方面：睡眠习惯的建立，语言习惯的建立，饮食习惯的建立，排便习惯的建立，卫生习惯的建立，等等。

这些习惯的建立和训练小狗没有本质的区别，唯一不同的就是语言习惯的建立。狗无法学习人类的语言，而孩子却可以学习。我在这里分享几个我在训练孩子的时候用的方法，以供参考。

03

利用条件反射养成良好的生活习惯

在孩子出生以后，我首先给她建立的就是良好的睡眠习惯。这直接关系到产妇在产褥期的睡眠。妈妈睡眠好了，才能产生充足的乳汁，并且拥有良好的情绪和充沛的精力，也为孩子养成规律作息习惯，上学后能够按时睡觉、起床打下了坚实的基础。

其次给她建立的就是大小便控制的条件反射习惯。这样可以避免她上幼儿园以后，因为自我控制能力差造成尿裤子而产生不舒服的感觉。

最后就是训练她自己能够独立吃饭、穿衣和养成良好的饭前便后洗手等卫生习惯。这一切都是为了她3岁以后进入幼儿园，能够愉快健康地度过幼儿园的生活做准备。

（1）婴儿期睡眠习惯的建立

我在儿科实习的时候曾经去过产房的婴儿室。一般婴儿室都有空调，温度设置在22摄氏度左右。一个婴儿室里面一般会安排20～30个新生儿。他们吃奶的时间是固定的。除了吃奶，他们大多数时间都是在安静地睡觉。每个婴儿室里面配 2~3 个护士。即使有几个婴儿啼哭，护士也没有办法把每个哭泣的婴儿抱起来哄睡觉，她们只能去检查婴儿是否排泄了需要换尿布或者是否健康。在婴儿室里面的婴儿，没有因为不被抱哄而整夜哭闹不睡觉的。

然而为什么有些孩子回到家后就变成不抱着就不睡觉了呢？我分析，原因之一就是家长打破了孩子在婴儿室里面的睡眠习惯，自己培养了不抱着就不睡觉的坏习惯。特别是回到家后，总是有人把孩子抱起来，打扰孩子的睡眠，破坏了孩子出生以后被建立的睡眠习惯。

我给孩子营造的环境和她出生后接触的婴儿室的环境一样，把她单独放在婴儿床里面，屋子里面安装了空调，房间温度保持在 23 摄氏度，给孩子穿的衣服的薄厚也和在婴儿室里面一样。

我慢慢地给她形成了这样一种条件反射：她醒了不哭，我会把她抱起来，亲她和她说话，让她看着我笑的样子并和她玩儿一会儿。只要她困了，我就马上把她放回婴儿床里，给她养成困了就在床上睡觉的习惯。如果她醒了就开始哭，我会先检查是否是尿了拉了，或者是否是到时间该吃奶了，是否是觉得燥热或者感觉冷。如果都不是，我不会抱她，我会轻轻地抚摸她的肚子和后背，直到她平静下来。她要不就是看着我，要不就是再次入睡。如果她安静地看着我，我就会笑着把她抱起来，抚摸她和她说话，给她养成了一个不哭就会被抱起来的奖励反射机制。

同时，我避免给她养成吃奶睡觉的习惯，因为这样一旦孩子吐奶很有可能会引起误吸或者呛咳。孩子在婴儿期里面需要长时间的睡眠，所以我除了喂奶，一般不会抱着她，都是让她安静地在自己的小床里面睡觉，沿袭她在婴儿室里面建立起来的习惯。

这样的训练还有一个好处，就是如果她无端地哭闹，甚至被抱起来后还是哭闹，我就会判断她可能是身体不舒服了。因为孩子接受的条件反射，是不哭才会被抱，所以她想要被抱起来只能是不哭。如果她被抱起来还是哭，往往很大的可能性就是不舒服了。这样不会耽误判断孩子是否生病，可以及时送到医院去看病。如果孩子被养成了动不动就哭闹的习惯，大人根本无法判断是因为什么，甚至孩子还变得特别难带，只能抱着，一放下就哭闹。

如果想要给孩子建立良好的睡眠习惯我有如下建议。当孩子开始困了马上把他放到小床里面，轻轻地抚摸他的后背，可以哼唱摇篮曲之类的节奏缓慢的歌曲，孩子慢慢就会自然入睡。不要给孩子穿太多，也不要盖太厚，房间温度最好在 22 摄氏度。过去的育儿经验说"要想小儿安，三分饥和寒"，所以想要孩子有一个好的睡眠，也不要给孩子吃得太饱。孩子的胃肠功能还不健全，不容易消化，吃多了，胃肠胀气反而会不舒服，影响睡眠。比如我的孩子吃奶可以吃 90 毫升，但是我往往就给她吃 60 毫升。少吃多餐比一次吃饱更有利于孩子的健康。

另外我发现，很多时候，因为嫌孩子哭闹比较烦，大人选择抱着孩子睡觉，一旦孩子哭闹，就马上晃悠孩子，结果大人累，孩子也未必舒服。甚至在孩子哭的时候，有些婆婆或者丈母娘就会让产妇赶快把孩子抱起来让他不要哭。这也是造成孩子一哭，大人就马上抱起来的原因之一。慢慢地孩子就会建立只要一哭就可以被抱起来的条件反射，从而破坏了孩子原有的生活规律。

其实健康状态下的啼哭有助于锻炼孩子的肺活量，并不是什么坏事情。如果有亲人的抚爱，则不需要抱起来。孩子躺在自己的小床里面，妈妈照样可以通过轻轻地揉肚子和抚摸后背传递自己的爱。妈妈还可以一边抚摸一边轻轻地和孩子说话，虽然孩子听不懂，但是这给他建立的是对妈妈温柔声音频率的熟悉度，如同唱摇篮曲，可以让孩子慢慢地安静下来进入自然睡眠状态。这样的入睡让大脑的神经发育进入正常状态。

我的孩子 3 岁之前除非生病的时候需要抱着，其他时间几乎都是在小床睡觉或者自己玩儿，甚至生病的时候也是自己睡小床。因为这样可以减少不断翻动孩子的次数，能够让她安静地养病。因此我也没有遇到网友提出的不抱就不睡，放下就哭这样的情况。

在孩子自己能爬之前，我基本掌握了她睡觉的时间规律。时候差不多了，我就会竖着耳朵去听，只要听到她的床动，我就会第一时间来到她的床边，看着她醒来，并且她每次一睁眼看到我就会笑。我都是先让她躺在床上慢慢地醒一会儿，再把她抱起来。换尿布，喂奶，和她玩儿一会儿。

对于孩子睡眠已经有问题的妈妈们，我的建议就是不要打扰孩子睡觉，不要总是抱着孩子，一定要给孩子建立一个良好的在床上睡觉的睡眠反射习惯；让孩子感觉只要睡觉就是躺在床上，只有安静地醒了才能被抱着。而且妈妈们不要听到孩子哭就嫌烦，就不想让他哭。妈妈需要做的是用满心的爱，用手轻轻地抚摸躺着哭泣的孩子，特别是轻轻抚摸他的后背，用温柔的声音和他说话。用不了多久，孩子的坏习惯就会改变。

（2）幼儿期睡眠习惯的培养

我的女儿从生下来回到家就是自己一个人睡在婴儿床里面，我们很少让她和我们一起睡。因为当时住房条件有限，我们和她睡在一个房间里面，我的婆婆睡在另一个房间。她的小床就放在我们大床我睡觉那一侧的旁边。这样便于我半夜起来喂奶，同时也便于她有任何动静时，我起床来照顾。

到了她1岁多，我们给她的床头安装了一个小的睡眠灯。一到晚上9点，我们就会把睡眠灯打开，把屋子里面其他的灯都关了，只有我默默地坐在她的床边，抚摸着她的后背，看着她。她开始会看着我，慢慢地她就会揪着自己的小手绢，放在鼻子上闻着，一会儿就入睡了。即使她和我说话，我也就是点头笑着，并不回应。她慢慢地就会开始进入睡眠状态。一般她从上床到进入睡眠不会超过20分钟，有时候5分钟就睡着了。

她从几个月开始把手塞嘴里，慢慢地开始吃手指。从她刚开始吃手指，我就弄了一块棉布的小手绢放在她想要吃的手里，在她想要吃手指的时候，拿手绢吸引她的注意力，让她去抓。慢慢地在她困的时候，把手绢放在她手里，她就会立刻抓住手绢放在鼻子下面闻，闻着闻着就睡着了。这条手绢和睡眠灯慢慢就成了她入睡的条件反射的刺激物，只要我把睡眠灯打开，把手绢放在她手里，并安静地坐在她旁边，她很快就会入睡。

我从来没有在她睡觉之前给她读书的习惯。因为我发现她睡觉前一听读书就会犯困。我怕她上学以后，需要晚上读书的时候，已经被条件反射训练成一读书就犯困的习惯，这样对她的学习不利。我也不想因为读书，让她在睡觉前神经兴奋地想讨论故事里面的情景而耽误入睡。所以我给她讲故事和读书，往往都是选择白天，她兴奋的状态下。我觉得这样对培养她的记忆力、理解力和好奇心都有帮助。

我们成人都有这样的体会，在睡觉前读书要不就会因为书里的内容而兴奋得半天睡不着，要不就会因为犯困而根本记不住书里的内容。这样的读书浪费时间，没有任何意义。

我的女儿从小被这样训练，到了她上幼儿园和小学的时候，我们从来不需要为她晚上不按时睡觉发愁。我们一般 8 点就开始帮助她洗漱，然后和她在睡觉的房间玩儿一会，睡觉前从来不让她玩剧烈的活动，一般就是唱唱歌儿，聊会儿天。后来到她 6 岁以后，她洗漱完就会自己去房间睡觉，打开睡眠灯，安然入睡，根本不需要大人陪。而且因为她睡眠足够，早上 6 点半就会按时起床，也不会赖床，从来不会因为睡懒觉而上学迟到。这些都是因为她从小被培养了良好的睡觉习惯。

（3）为上幼儿园需要培养的习惯

在我的女儿还没有上幼儿园的时候，我就想过如何才能避免她受到其他小朋友的欺负，并有人可以保护她。我不可能和她一起上幼儿园。因此一个很显然的事实摆在了面前，想要保护她不受其他小朋友欺负，只能把她培养成人见人爱的孩子。这样，老师才能在那么多孩子里面关注到她并保护她。我就开始观察和思考，受到幼儿园老师喜欢的孩子具备什么特点。我问过有孩子的同事，也观察过他们的孩子，总结出以下几点。

第一，要有自理的能力。可以自己吃饭，自己坐尿盆，不会动不动就尿裤子，尽量少给老师添麻烦。老师照顾的孩子很多，每个孩子都很小，必然麻烦很多。

第二，有礼貌、有教养。喜欢笑，不会动不动就哭。

第三，衣着干净、打扮得体。

第四，安静不吵闹。中午睡觉时间即使睡不着，也不会吵闹影响他人。

第五，不会动不动就打人，语言功能开发得比较好。

针对这几点，我一项一项地在孩子上幼儿园之前，就开始注重训练。孩子1岁半就开始自己坐尿盆，2岁开始自己学习用餐具吃饭。我不怕孩子吃饭慢，也不怕她弄得满地满桌子都是，更不在乎她下手抓。只要她能想办法把饭吃到嘴里，我都会鼓励她："真棒，真能干。"她不饿，我们也不追着她喂饭；她饿了，我们就给她做，让她自己慢慢吃。因为孩子的胃小，不可能和大人的吃饭时间绝对重合到一天只吃三顿。我通过观察她产生饥饿感的时间，慢慢调整到和幼儿园吃饭规律一样，如果她中午11点不饿，那么我会让她早上少吃，然后送去幼儿园，这样到11点多她就会饿，就不会出现在幼儿园不好好吃饭的问题。

为了能让她可以坐完便盆顺利提裤子，我们给她做了各种带有松紧带的裤子，并在家里反复训练她如何拉到腰部。北京的冬天比较冷，孩子需要穿内裤、秋裤、毛裤和罩裤。对于一个3岁的孩子来说，她很难一件一件地往上提。很多时候，孩子的内裤甚至秋裤都是卷在里面，根本没有提上来，想起来，我都觉得孩子难受。所以我当时想了一个办法，把孩子的内裤和秋裤腰部的地方安了粘扣带，然后把秋裤和毛裤、罩裤缝在一起。这样孩子一次就可以把所有的裤子提到位，而且每天换内裤很方便，撕拉一下就下来了。对于大人来说，每次洗秋裤、毛裤和罩裤的时候会麻烦点儿，要拆卸下来，但是如果一个妈妈真心爱孩子，为了孩子能够在幼儿园少受罪，就不会觉得这是件麻烦的事情，相反会很细心地每次都做好。

我们还培养孩子饭前便后都要洗手的习惯。而且为了方便孩子经常擦手，我给孩子的罩衣胸前用粘扣带粘了一个小手绢。有人会问，为什么不用别针别呢？因为别针在孩子活动的时候，很可能会开，会有扎到孩子的危险；而粘扣带不但安全，换洗也方便。

在孩子上幼儿园之前，我们在家就教育孩子不要和小朋友抢任何东西，包括玩具、食物。她特别喜欢的玩具如果有人在玩儿，她可以先去玩儿别的。所以那个时候，我会带她参加一些和她年龄相仿的孩子的聚会，让她提前去体会和小朋友相处中可能会遇到的问题，并学习到如何面对和处理。

如果我判断我的孩子会受到伤害，我会立刻带她离开，而不是选择让她看着妈妈面目可憎地与其他人吵架。我的女儿从 1 岁开始学习说话，到 3 岁的时候，已经可以说很多完整的句子了。所以在她上幼儿园的时候，我们就告诉她如果有人抢她的东西，一定要告诉老师说谁抢了自己的东西，老师会想办法给她弄到，她不用自己去和其他人抢。而且回家后我们也会问，幼儿园发生了什么。她想要吃的，我们都尽量满足。她因为从小什么都不缺，所以也不会去抢任何东西。

在我的女儿上幼儿园之前，我们已经把她训练得基本上可以自理了。所以即使上小班，老师也夸她自理能力强，是个少见的懂事的小孩子。

04

利用条件反射养成良好的语言习惯

我的建议是用成人的语言跟孩子说话。我们在孩子上幼儿园之前还有一个重要方面的培养就是让孩子成为一个懂礼貌和有教养的孩子。

我的女儿会说话以后走到哪里都被夸是有教养、懂礼貌的孩子，都说是我教育得好。坦率地说，我们没有通过讲道理教育她要如何做。因为我清楚她学说话的时候，理解力根本达不到能听懂词汇的程度，所以我从来不给她讲什么道理，我对她的语言训练基本属于条件反射训练。

我们在教她说话的时候开始就是使用礼貌用语。比如，她想要什么东西，我们就会教她从简单的字开始，在她要求的时候必须说"请"，我们才会把东西给她。她拿到东西后必须看着给她东西的人的眼睛说"谢谢"。开始说完整的句子就是："妈妈，请给我一杯水可以吗？"拿到水后就说："谢谢妈妈。"我马上就会露出高兴的神情对她说："不客气，你真是个好孩子。"以此让她知道，说这样的话会得到的奖励就是大家高兴的回应。所以当我们对她说"谢谢"的时候，她也会模仿我们的样子高兴地说"不客气"。如果碰撞到了谁，一定要说"对不起"，我们也会对她说"没关系"。

有一次，她跟在我老公后面走，我老公没有注意到，一回身把她撞倒在地下，她哇的一声哭了起来。我老公赶快把她拉起来抱在怀里，不停地说"对不起，对不起"，她当时抽泣地说"没关系，没关系"。

我和我的老公、婆婆、父母在家里也是用这样的方式说话。因为我知道学习一种语言习惯需要语言环境。如同学英语，我们为什么学了那么多年英语，还是不会说，听不懂？因为缺少语言环境，无法培养语言习惯。孩子学说话也一样，如果家长只是教孩子这样说话，而平时夫妻之间、家人之间都是粗鲁的"嘿，把××给我递过来"，相互之间从来不说"谢谢"，那么孩子生活在这样的环境中，自然也会模仿这样粗鲁的说话方式。大人刻意教他的礼貌用语，他因为没有听过大人彼此之间怎么使用，所以根本不会用。

当孩子开始学习说句子以后，都是在模仿大人的交流方式。往往说话没有礼貌，语气粗俗的孩子，都是受到了家庭成员之间沟通没有礼貌的环境的影响。我们会看到，在家喜欢说脏话的父母，他们幼小的孩子也同样喜欢说脏话，其实他根本不懂这是什么意思。但是对于听到的人来说，他们马上就会知道这个孩子的父母是什么样的，从而对这个孩子产生了不喜欢的感受。幼儿园老师会喜欢张嘴就说脏话的孩子吗？

我的女儿和大多数孩子一样，上幼儿园第一天就因为到了陌生环境没有安全感而哭。即使哭累了，觉得渴了，也还会走到老师面前抽泣着说："阿姨，请给我杯水可以吗？"当时老师特别激动，马上就给她倒了杯水。我的女儿马上哽咽着说："谢谢阿姨。"晚上我妈妈去接孩子，幼儿园老师拉着我妈妈把这个情况讲了一遍，然后对我妈妈说，这是她见过的最可爱、最懂礼貌的孩子，说大人教育得真好，一看就是来自家教良好的家庭。

其实她不过就是从学说话开始培养了一种语言习惯而已，但是这个习惯却让她在幼儿园备受老师的喜欢和关注。所以她从来就没有不喜欢上幼儿园，相反特别喜欢去幼儿园。因为她在那里得到了老师的关爱、细心的照顾和内心的快乐。

有些年轻的妈妈说自己家没有礼貌说话的习惯怎么办？我想问：家人之间相互关爱，相互尊重，懂得彼此感谢不是应该的吗？为什么可以对陌生人客气地说"请"和"谢谢"，反而对自己爱的人说话不客气呢？难道因为爱你，所以为你做任何事情都是应该的？

即使是没有孩子的夫妻，也要改变一下彼此说话的语言习惯。如果从小没有被训练好，成人以后也可以为了成为更好的自己而改变。更何况现在有了孩子，为了让孩子成为一个令人喜欢的人，给孩子建立一个良好的语言环境，夫妻完全可以利用这个机会和孩子一起成长。

我还有一个体会，就是从孩子学说话的时候，我不会用重叠字和孩子交流。我对孩子说话都是用成人的语言，但是用温柔的语气。这样可以让孩子慢慢积累正确的词汇，能够很快学会理解成人语言的意思。培养孩子对词汇的理解力和领悟力，应该从孩子学说话开始抓起。

孩子会因无法分辨父母说的"吃饭饭"和老师说的"吃饭"是否是一个意思而不能执行老师的指令，因为和父母训练他吃饭的时候不一样。很多大人也会刻意对孩子使用重叠词汇，这样会让孩子上幼儿园以后，因为无法正确领悟老师的指令而导致老师反感。比如老师说："小朋友们都坐好，准备吃饭了。"但有的孩子听不懂这个"吃饭"就是妈妈说的"吃饭饭""吃香香"……的意思，而在教室不停地乱跑。

还有就是很多妈妈提出的自己一上班孩子就哭的问题，有的妈妈出主意就是给孩子讲道理。其实不到3岁的孩子的理解力真的没有那么高，我非常理解妈妈们都渴望自己的孩子聪明，但是这可能不是真的。医学心理学家认为，0~3岁是孩子心理发育最迅速的时期，孩子对母亲产生的安全型依恋通常被视为积极良好的依恋关系，但是孩子与母亲在一起的时间的绝对值并不能决定依恋的性质和抚养的质量。依恋的对象可以是母亲，也可以是其他人，比如很多被养父母、祖父母带大的孩子，他们之间也可以建立健康的依恋关系。

我曾经和很多妈妈讨论过这个问题，我通过探寻她们的行为，发现她们当中大多数人的做法是只要自己在家，就开始营造"世上只有妈妈好"的氛围。这本身就是在建立一种强烈的让孩子依恋自己的心理习惯。这种心理习惯一旦被改变，孩子心理就会因为强烈的不安全感而感到难受，并用哭闹来表达抗拒。别说孩子，就连大人改变一个熟悉的环境时都会产生有恐惧感和心理不适应感。

我曾经想过如何来避免让孩子经受这样的心理痛苦。**我想到的一个办法就是尽早给她建立另外一个依恋对象，而她依恋的这个人就是未来我去上班以后能够和她整天待在一起的人。**

在我的孩子 6 个月的时候，也就是我将要去上班的一个月之前，我把我的婆婆请到家里帮我白天带孩子。她来了以后，这一个月的时间，我让她每天花费大量的时间和孩子在一起，让孩子熟悉和她一起待着的感觉。期间，我会经常出门买菜、逛街，让孩子慢慢适应我经常不在家的情况。我即使在家，也是在做饭、洗碗、干家务，而让婆婆负责陪着孩子。当时孩子刚会坐，所以注意力还没有完全在我身上。我只有晚上才会自己带孩子，和她一起玩儿一会，给她洗漱、喂奶、换尿布等，然后带她去睡觉。

每次我出门，都是表情快乐地对孩子说："我走了，再见。"对于 6 个月的孩子来说，她还不懂妈妈离开去上班的意思，她能看到的就是我高兴快乐的表情，所以到我真正去上班的时候，我照样和平时一样对她挥手说再见，她看到我挥手离开也不会哭。慢慢和奶奶熟悉后，她已经适应了每天看我高兴地对她摆手然后离开。因此我去上班，她反而表现得很无所谓，还会对我笑着摆手说再见。

也就是在此期间，她和奶奶之间、和我之间都产生了很强的依恋关系，所以我们两个的角色可以互换，也不会给孩子造成很大的心理压力。她很容易、顺利地度过了这个时期。

对于在职的妈妈们来说，尽早给孩子建立多个依恋对象，并且让自己慢慢地退出事必躬亲的角色，更利于孩子适应和接受妈妈离开去上班的情况。孩子不会有很强的心理不适感，妈妈也因为早就知道了自己离开以后孩子的表现，可以把精力更多放在工作中，为给孩子做表率，为给孩子创造更好的物质生活而努力。

05

利用条件反射养成良好的行为方式

有这样一个观点，就是要尽量满足 3 岁前的孩子的要求，否则孩子会缺乏安全感。坦率地说我不认同这个观点，这可能与孩子需要早期教育的观点相矛盾。满足孩子的所有需求是不需要对孩子进行教育的，而是需要大人进行自我教育，需要大人懂得如何理解孩子的需求。只有不能满足孩子需求的时候，才需要对孩子进行教育。教育的主要概念是教，教会孩子一项技能（比如语言、生存能力），奠定一种思维方式的基础。这个年龄段的孩子开始学习语言，思维方式的基础也是从这个时候开始被父母搭建起来的。

孩子 3 岁前的教育非常重要，可以说关系到孩子的一生。中国有句老话"三岁看大，七岁看老"，就是强调了 3 岁前的教育对孩子未来人生的重要性。孩子在 3 岁之前接受的教育中一个很重要的内容，就是让孩子学会如何面对拒绝。让他们懂得这个世界不是按照他们的意愿存在的；必须让他们知道，什么样的要求是可以被满足的，而什么样的要求是无法被满足的；要让他们学会面对大人说"不"的状态，否则就会出现无理要求得不到满足而躺在商场地上哭、耍赖，令父母尴尬、旁人耻笑的情景；让他们学会理解爱和娇惯的不同。

对我来说，孩子3岁之前的所有教育都是为她能够顺利进入幼儿园做准备的。幼儿园是她进入社会的开始，她必须要知道，在社会中除了父母，没有人会满足她所有的需求。老师不会，其他小朋友更不会。她必须要明白，在什么情况下，自己的需求得不到满足很正常，即使哭闹也没用；在什么情况下，自己的需求有可能会被满足；在什么情况下，自己的需求一定会被满足。

（1）让孩子学会面对拒绝

我的孩子就是在3岁前完成的面对拒绝和学会爱的教育。她开始学走路的时候，摔倒了会趴在地上看着我们哭，渴望我们去把她抱起来。这个时候，如果要满足她，就需要把她抱起来哄她。我没有这样做，我会让她趴在地上哭一会儿，然后蹲下来鼓励她自己站起来，检查一下她是否有伤，如果没有，我就会对她说："你看，没事儿。你自己站起来，真厉害，真棒，拉着妈妈手，咱们继续走吧。"一般夸她的时候，我都会亲她一下，帮她把眼泪、鼻涕弄干净。

孩子想要的东西，不该买的我绝对不给买。所以我的孩子从来不会在要求不被满足的时候哭闹，因为她从小就知道，哭闹无效。大人要让孩子从小就知道什么叫诚信，就是大人说话要算话，答应给孩子买的东西，一定要买，不答应给买的，孩子怎么闹都不能给买。同时也要让孩子学会有诚信。我的孩子学说话和理解话的时候，我们让她首先懂的一个抽象的词就是"不"。而这个"不"字的含义，不仅是我们拒绝她的一些要求，她对我们说"不"的时候，我们也会遵守她的合理要求。

比如我们让她吃饭，她只要说"不"，那么我们就不给她吃，并会问她："你是现在不饿对吗？那你可以不吃，一会儿你饿了再吃。"孩子因为生存的本能，很快就能领悟到"不"的含义。而且大人必须先给他建立的反射就是大人说"不"，就是没有的概念，慢慢再给他建立大人说"不"就是不能满足他的需要的概念。

作为大人，必须要教给孩子，如何减少被拒绝的方法。比如训练孩子说礼貌、客气的语言，请求对方满足自己的需求；学会自己满足自己的需求，比如自己学会吃饭，自己学会用饮水机倒水，自己坐尿盆，等等；或者找到可以满足自己需求的其他方式，比如她想要玩儿的玩具其他小朋友不给，她不会死活要玩儿这个，而是很快可以发现其他觉得好玩儿的玩具；等等。这些方法，很多都是需要家长用条件反射来训练的，需要家长动脑子去教育的。

如果3岁之前尽量满足孩子的要求，那么3岁以后再想重新培养孩子一个好的习惯、好的意识就晚了。要让孩子从建立意识开始，就建立一个正确的意识，而不是让孩子从小先培养一个坏习惯，然后长大再去改正。这样的教育方式并不妥当，因为改变很难，特别是孩子不具备自我改变的意识。让孩子改正错误的过程才是造成孩子逆反心理的本质。因为他不想改，改变会让他心理上难受。如果孩子根本就没有做错，他也不用改变，也没有那么明显的逆反了。孩子逆反是因为他的思想和父母的思想发生了冲突，而他的思想正是建立在父母早期教育的基础上。孩子的逆反，是孩子对父母既往教育的反抗，是现实和父母既往给孩子构建的童话世界的冲突造成的。

多年以前有个朋友问我如何面对孩子无止境的需求？如何对待3岁小孩子最常见的这个也要，那个也要？在自己家是，在别人家看到喜欢的也想要。拉着他不理他的感受就走，会给孩子留下冷漠、被忽视的感觉，但又不可能无止境地满足他的愿望。对于3岁之后的孩子的这些要求该怎么处理？

面对这个问题，我当时是这样回复她的。

这个问题证明了孩子3岁前必须要教育的重要性。家长必须要让这个年

龄段的孩子知道，在自己家里也不能他要什么就给什么，在别人家里更不允许。这个时候最重要的不是考虑孩子感觉被冷漠了，而是告诉孩子什么是对，什么是错，什么是赏，什么是罚。要让孩子明白"不"字的现实含义都包括什么行为。

家长现在重视孩子的所谓被忽视的感受，满足了他，但是这种行为会误导他觉得以后谁都会满足他。到了其他公共场所，比如幼儿园，他会认为谁都要满足自己的要求，否则就去抢、去哭闹。这就是所谓的没有教养的熊孩子。

父母的责任不仅是在孩子小的时候，让他快乐地在父母身边，还要培养他长大以后几十年独立快乐生活的能力。所以父母就是要利用孩子现在不得不在你身边的这十几年机会教育他，让他以后几十年不在你身边的时候，能够懂得社会、懂得自我教育，过好未来更长的日子。这样做父母的才能真正放心养老。

我的女儿3岁的时候，出门前我们就告诉她，如果她看到喜欢的东西，可以告诉大人，大人觉得她需要就会给她买，大人觉得她不需要，就不会给她买。虽然她对我们说的话似懂非懂，但是如果她看到想要的东西，我说不给买就是不给买。而且我会告诉她，大人永远说话算数。这也是为了让她慢慢理解，说话算数这个抽象词汇。往往孩子一闹，大人就给买，也是大人说话不算数的表现，孩子慢慢地就知道大人的拒绝没有意义。有过一次，孩子下次还会闹。如果第一次就制止，以后也就没有了。

所以大人的言行也是对孩子身体力行的教育，什么叫遵守承诺，什么叫坚持原则，都是在对待孩子的各种问题时，让孩子慢慢体会的。

对于孩子的教育，不要过分强调在乎孩子的感受，也包括教育孩子理解他人的感受。要让孩子知道，这个世界不是按照他的要求存在的，他必须懂得什么是受到制约。这个世界不是所有他喜欢的东西就必须占有，不达目的誓不罢休的胡闹是丢脸的行为，是可耻的。告诉孩子，该给他买的，他的需要只要合理大人一定会给他买；如果是不合理的，就坚决不给买。

还有一点就是，大人一定要树立说话算数的威严。说不给买，就是不给买；说不能要，就是不能要，即使人家塞给他，也要拿出来还给人家。让他知道大人的威严是什么，否则以后大人在孩子心中也没有一个好的形象。这点我和我的老公特别一致，所以我的孩子特别清楚，我说不行的，她不会再问第二次，我答应给她的东西，想方设法也要给她买到。

（2）让孩子学会拒绝他人

多年前一个女性朋友在我的微博中留言问：如果对方孩子喜欢你孩子的玩具，你会不会要求她给？

我当时很明确地答复她说："我不会。"

我都把这个权力交给我的女儿，我对女儿说：如果是你自己喜欢的东西，别人想要，而你又不想给，你有权利说不给。这是在捍卫你自己的东西。如果你想用送给别人东西来换取别人和你玩儿、和你好，那你就不要之后心疼后悔。给了就是给了。如果别人就是想玩儿一会儿，并不要你的东西，你要大方地拿出来和大家一起玩儿，玩具大家一起玩儿才有意思。"

我女儿小时候，遇到小朋友要她的东西，她有时候会给，有时候就说不给，因为她也喜欢，这个东西是她的。即使对方的孩子哭闹，我也会站在女儿这边，不会劝说女儿给对方，而是告诉那个哭的孩子："这是她的玩具，她自己也喜欢，她可以不给你。如果你喜欢，可以让你的父母给你买。这不是她小气，而是她有权利决定自己的东西要不要给其他人。"

其实我非常清楚，那个哭闹的孩子听不懂我说的话，我的话是说给那个孩子的家长听的。我不怕对方觉得我小气，也不在乎他怎么评价我。我在乎的是我应该用什么方式教育女儿懂得如何学会保护自己的权利，如何做人。

我也提倡女儿和人分享，但并不是培养她要别人东西的习惯。我对孩子的教育就是，有些东西因为爱心，该给就要给；有些东西与爱心无关，而是纵容别人的贪婪，那么该不给就不给。同时教给孩子学会说"不"。

分享并不是别人要就给。分享中学会珍惜保护自己的利益，也是孩子成长过程中必须懂得的知识。

关于分享，我曾经在我的微信公众号里面写了一篇名为《谈谈中国式分享教育》的文章，主要阐述了我对分享教育的理解，也是我对孩子面对分享这个概念的教育思路。既然谈到教会孩子说"不"的话题，就一起放在这里好了。

我曾在一个购物中心看到了一个情景，心里很不舒服。一个妈妈推着一个小车，小车里面坐着一个1岁左右的男孩子，旁边跟着车子走的还有一个3岁左右的怀里抱着一个小熊的女孩子。我不知道他们在购物中心里面转了多久。我看到车里面那个小孩子在挣扎着哭闹，似乎想要从车里出来的样子。然后这个妈妈和小女孩说了一句什么，就把女孩子的小熊拿过来给了这个正在哭闹的孩子。这个小女孩傻愣愣地看着弟弟，看着她的小熊被妈妈塞给了弟弟。但是这个弟弟拿到小熊稍微好了一下，把小熊一扔又开始不停哭闹。这个妈妈没有办法，就把车停在了我的对面，把车里的孩子抱起来哄。这个小女孩看妈妈抱着弟弟，就抱住妈妈的腿说："妈妈抱抱，我累了。"只听这个妈妈不耐烦地说："你没看到我在哄弟弟吗？别抱着我的腿，去把地上的小熊捡起来。"这个小女孩乖乖地走过去把小熊捡起来抱着，站在车边上一直看着妈妈哄弟弟。

我不知道大家看到这个画面心里会有什么感受。我当时有想要流泪的感觉，这样类似的情景我小时候经历过。此时此刻，这个妈妈根本不在乎这个小女孩的心理，她可能以为无所谓，但是她不知道，小女孩的心已经受到了深深的伤害。我估计这样的场景会经常在这个家庭里面重复上演。我不确定这是不是一个重男轻女的妈妈，但是我知道，这样的情景在某些家庭也会出现在哥哥和妹妹身上。因为家长有一个错误的认识，就是觉得小的更应该受到关注和照顾。他们忽视了三四岁的老大在家庭中其实也是小宝宝，他们的需求也是需要被重视和满足的。

很明显，这个也属于宝宝年龄的姐姐也正在渴望得到妈妈的关注和爱。她也走不动了，她也需要得到妈妈的抱抱以求鼓励和安慰。现在却因为有了弟弟，妈妈的爱被分走了，甚至自己喜欢的玩具，在弟弟需要的时候，也必须拿来和弟弟"分享"。她的落寞却无人在乎。

大家总是喜欢谈分享，但是有几个人真正清楚分享的概念并了解分享的心理是如何产生的？分享是指和别人共同享受（欢乐、幸福、好处等）。分享的解释很清楚，其主要是为了享受，也就是分享的目的是得到更多愉悦的感受。如果和人分享的时候，没有丝毫享受的感觉甚至感到痛苦，那就不符合分享的定义。因此分享是一种发自内心的主动的令人高兴的行为，这个行为可以给人带来快乐而不是痛苦。

从行为心理学上来说，分享行为不是教育出来的而是一种自我愿望。比如面对灾区，我们主动捐款和被单位扣工资当捐款，心态一样吗？前者符合分享的定义，后者是一种不情愿的强迫。

很多人总是认为教育孩子学会分享，要从分享孩子所拥有的物质开始。但观察生活我们就会发现，**平时分享最多的是精神层面的体验**，并不是把我们拥有的物质分给他人。比如我们去吃了什么好吃的，会乐于告诉别人哪里有好吃，推荐别人去吃。而别人得到这个分享的信息就会很高兴去品尝，发现确实如此，就会肯定推荐人的口味。这个时候，两个人会因为拥有了相同的体验和快乐而成为朋友。

这是一个非常典型的分享的例子。但是在这个例子里面，并没有分享某个人拥有的物质。还有一个关键，**分享是自愿的**，而不是因为某一方的索要。比如我们给乞讨的人钱或者食物时，没有人会认为自己的举动是在和乞讨的人分享，我们也没有产生分享的那种共鸣和快乐，而是出于同情或者无奈。

当一个孩子索要甚至抢夺自己孩子的玩具或者食物的时候，家长让孩子拿出来，也不可能让孩子体会到分享的快乐。

告诉孩子要学会和兄弟姐妹分享父母的爱，分享自己的食物、玩具，等等。这些被大人拿来教育孩子学会分享的东西，有几个孩子会真心认为这是一种内心的享受？

如果家里经济条件差，父母精力有限，只能提供一份物质，只能照顾一个孩子，那就不要多生，先让一个孩子过好有完整的爱和父母关注的童年生活。否则对每个孩子都不公平。

再来谈谈谦让和谦虚的教育。我查了一下字典，谦让的定义是谦虚退让。谦虚这个词意思比较微妙。字典里面定义的谦虚是不自满，能够正确地评价自己的优点和缺点，能够听取不同意见。但是"谦虚"里面这个"虚"，是什么意思呢？如果是虚心学习和听取意见，那么就说明此人实际上能力不足或者有缺点，所以不具备得到的条件，那么根本就不是需要退让的问题了。

如果自己其实觉得自己很好，但是出于一种特殊情况或心理压力，不得不说自己不够好，不具备得到的条件，然后出现退让行为。这不是一种说违心话的行为吗？明明觉得自己很好的孩子，偏要让他说自己不好？

我教育我的孩子要学会正确地评价自己。她好就是好，不需要说自己不够好，她完全可以为自己感到骄傲；她不好就是不好，就要自己认识缺点并想办法改正。我还教育孩子如何遵守社会规则和法律。要清楚什么是她应有的权利，什么是别人的权利，如何捍卫自己的权利，如何尊重他人的权利。

比如在公交车上，有老弱病残孕专座，如果我们不属于这类人，而坐在了这个座位上，我们就必须给这样的人让座。因为坐这个座位是符合要求的人的权利，所以不符合这个条件的人给这些人让座不是谦让，而是他们必须要做的，否则就侵犯了人家的权利。

既然谦让的定义是谦虚退让，所以谦让不等于分享，两者从心理上有着本质的区别。分享是主动的，是自愿的，是真诚的。有时候指责别人自私，不懂谦让、不懂分享，不过是想要占别人的便宜没得逞的道德绑架而已。

我的女儿是独生女，她从小拥有我们全部的爱，所以她没有接受过谦让教育。我教育她在幼儿园不要和其他小朋友抢东西，是为了让她拥有一个"令人喜欢的孩子"的品质。而满足她对同样东西的渴望，来自我们在家让她拥有足够的、最好的，让她对差的东西根本没有需求。所以她才能根本不屑于和其他孩子去争抢。

但是在老师眼里，她就是一个拥有谦让品质的懂事的孩子，而且她是一个非常懂得与人分享的孩子，她懂得和学习不好的同学分享她的学习经验和方法，懂得参加各种社会活动，因为她渴望拥有更多的友谊和朋友。同时，她也是个懂得捍卫自己权利的孩子。

在孩子小时候，我就告诉她：如果是属于你自己心爱的东西，你不愿意给他人的时候，有权利不给。他人没有权利白要属于你的东西，除非他拿你喜欢的东西和你交换。这是未来社会生存的基本法则。

我也不会让我的孩子动不动就要别人的东西，我会告诉她：这个世界没有白来的东西。你喜欢的东西，在你小时候要靠父母努力工作去挣钱得到，你长大了就要靠你自己努力挣钱去交换。想要不努力就得到别人的施舍和赠予，说明你已经是个没出息的人了。

曾经我们家发生过这样一件事。苹果公司出 iPod shuffle 的时候我老公就给女儿买了一个，后来出 iPod touch 又给她买了一个。女儿上 8 年级的时候，我老公来加拿大探亲，又给女儿买了一个苹果手机。我当时有一个国产的 MP3 坏了，想买一个新的。我老公说：反正孩子有这么多可以听音乐的设备，iPod shuffle 过时了，她也不用了，但是听音乐很好用，你就拿去用吧。"他就擅自把 iPod shuffle 从孩子抽屉里面翻出来给我了。

晚上孩子放学回家，发现自己的抽屉被翻动过，就问我是不是翻了她的抽屉。我说是爸爸给我找 MP3 所以翻了她的抽屉。女儿不高兴了，晚上很郑重地和我们开会谈话。谈话的内容就是对爸爸的两个行为表示不满，一是擅自翻她的抽屉，二是没有经过她的允许就把属于她的东西送人。

她爸爸对翻她抽屉做了解释并承认了错误，但是对她提出的第二点不能接受。理由是，这些东西都是他给买的，况且这些东西女儿都不用了，闲置在那里，而妈妈的 MP3 坏了，他找出来给妈妈用怎么不可以？为什么她那么自私？

女儿的理由是：首先，东西虽然是爸爸买的，但是爸爸送给了她，那么这个东西的所有权就是她的。因此爸爸没有权利把属于她的东西，不经过她允许送人。其次，如果妈妈需要，爸爸完全可以在她晚上放学回来后和她说，她也会高兴地给妈妈的，甚至可以给妈妈最好的。但那是她自愿给妈妈的，而不是被爸爸强迫的。最后她强调，她并没有说不给妈妈用自己的东西，所以谈不上自私。万一这个东西里面存有她认为重要的东西呢？如果妈妈不知道，给删除了呢？爸爸如何判断，这个看似闲置的东西，就一定是她没用的？她生气的是爸爸不尊重她的隐私权和财物所有权，而不是把东西给了谁。

坦率地说，我觉得孩子说得没有错。我们很少接受这种捍卫自己财物所有权的教育，也考虑不到孩子的心理诉求。比如我们的夫妻之间都没有隐私权，也没有财物所有权，可以不经过对方的同意就把对方不用的东西送人。对孩子的东西更是，觉得占地方就扔，觉得孩子不玩儿了就送人。但是时代不同了，孩子接受的教育，让她更懂得什么是自己的权利必须捍卫，什么是他人的权利不能干涉。而这种教育恰恰是很多父母缺乏的。

马斯洛的人类心理需求发展轨迹说明，真正懂分享的心理和行为不是教育出来的，而是一种需求上升到一定阶段的自然表现。这是马斯洛需求理论中社交需求的体现。当孩子有社交需求的时候，他自然就懂得用分享来交换友谊。所以最初的分享往往来自对物质需求得到了极大满足以后。当人的需求还处在马斯洛需求最底层，物质需求还得不到满足的时候，他是不可能有分享需求的，也没有自我实现的需求。

我的结论就是分享的需求和行为不是教育出来的，与家里几个孩子也没有任何关系。独生子女有社交需求，有交朋友的渴望的时候，他们照样懂分享。因为分享的动机不过是一个人社交需求（精神需求）下产生的社会行为而已。如果一个人不懂分享，要不就是他拥有极度的不安全感，要不就是他的生活还处在最基本的需求都没有满足的状态，因此他没有分享的动机和需求。

孩子太小，他们连最基本的生理需求和爱的需求都得不到满足时，不可能有社交需求，也不会去分享。父母逼着去分享的行为不仅不能培养孩子的分享动机，反而会让孩子产生不安全感，甚至逆反心理。

做父母的要先学会给孩子充分的爱和关注，这比让孩子学会分享更重要。分享不需要去学，当他们有社交需求的时候，分享行为自然会产生。

06

婴幼儿期家长自我培养的重点

当我们没有孩子的时候，我们常常责怪自己的父母，在我们小的时候，没有给我们养成良好的生活习惯，没有给我们提供很好的教育和指导，没有给我们做出一个可以让我们学习的努力奋斗的表率，甚至有些人还会控诉自己小时候挨打受骂的"悲惨"经历。似乎我们的平庸，我们的不成功，我们身上不具备被人喜欢、被人爱的素质都是父母的责任。我们很少责怪自己，但作为成年人，我们早就该进入自我教育阶段了。特别是当我们为人父母的时候，必须意识到，我们已经失去了抱怨父母的机会，因为我们从要孩子的那一天起，就已经承担了教育孩子的责任。

我们必须思考，如何让孩子因为降生到自己的家庭而感到幸福和幸运，如何教育好这个孩子作为他降临到我们家的报答，如何使他拥有未来幸福生活的能力，等等。作为一个新妈妈，我们应该花更多的时间去学习和思考的，不是如何喂养婴幼儿，而是如何培养一个思想优秀的人见人爱的孩子。孩子如何喂养都可以长大，但不是如何教育都可以成为一个拥有幸福快乐能力的人。

孩子的思想很多时候是家长的思想的复制。如果我们的思维方式是错误的，那么孩子从小接受的教育必然也是错误的，当他长大成人以后，想要改变会非常难。因此这个时候，我们必须要对自己的处世态度、工作态度、生活态度做一个自检。多问问自己，我们和父母的相处，我们夫妻之间的相处是彼此平等、相互尊重的吗？我们之间说话有礼貌和客气吗？我们懂爱吗？我们懂得感谢对方的付出吗？我们工作努力吗？等等。如果这些问题的答案都是否定的，那么为了孩子，父母必须要改变目前的生活态度和做人、做事的态度。

我在开始怀孕的时候，就和老公讨论过，我们应该如何教育孩子，生下孩子以后我们找谁来帮忙，我们应该如何与他们相处，等等非常现实的问题。

最后我们一致认为，我们需要和孩子一起成长，我们都要学习如何做一个合格的父母。其中包括以下几点：

第一，学会成为相互尊重、相互欣赏、相互爱慕的夫妻。

第二，学会成为一个懂爱、有爱、有耐心的妈妈/爸爸。

第三，学会站在孩子的角度考虑他的人生。

第四，和孩子一起学习、一起成长，保持自己的好奇心和与时俱进的能力，努力成为孩子心中最好的朋友。

第五，和孩子建立相互欣赏、相互鼓励、相互学习、相互关注的关系，而不是靠父母的权威来控制孩子，让孩子屈服。

第六，夫妻双方都给孩子树立尊老爱幼的榜样，给孩子创建一个相亲相爱的生活环境。

根据这些目标，我们从注意自己的言行开始做起。比如我们夫妻之间会为对方给自己的帮助而说谢谢；有矛盾的时候，彼此注意自己的态度，把解决问题放在首要讨论点，而不是开展批斗会，相互指责；彼此关注对方的心理和情绪，互相关照。比如在休产假期间，晚上我很少让老公起床帮助我照顾孩子。我都是自己一个人悄悄起来，给孩子喂奶、换尿布。因为他第二天还要去上班，而我可以白天睡觉休息。他只要下班回家，就会让我和婆婆休息，自己去做一些家务。

我的婆婆刚到我们家的时候不会说普通话，所以我经常听不懂她说的话。我怕这样会影响我们之间，甚至她和孩子之间的交流。我就耐心地教她说普通话，而且我对婆婆的帮助也会说"谢谢您"。我用了不到半年的时间，就能听懂她说的话，她也开始能说普通话了。在休产假期间，我经常和她聊天交流，一方面可以相互了解，增加彼此的感情，另一方面可以通过聊天，教她说普通话和一些礼貌用语。

开始她很不习惯，觉得很见外。但是我告诉她，其实每个人都没有义务为他人做事，都是因为爱，所以接受帮助的人就必须懂得感恩和感谢，这样人与人之间的关系才是真正的彼此平等和相互尊重。我认为亲人间不说感谢会导致亲人间不懂感谢他人的照顾和帮助。我和父母之间都会说感谢的话，我帮助父母的时候，父母也会表示对我的感谢。我不想我的孩子成为一个不懂感恩和感谢的人，所以我们必须用自己的言行，影响她、教育她。我对孩子的奶奶说，如果她希望自己的孙女成为一个人见人爱的孩子，那就和我们一起做孩子的榜样。

我和老公的相处方式影响着孩子的奶奶，也慢慢渗透、影响着孩子。孩子经常看到我们彼此得到对方帮助的时候会说"谢谢"，请求帮忙的时候会用"请"，等等。当她开始学习说话的时候，她很快就接受了这样的说话方式，并在生活中举一反三。我们对孩子奶奶的尊重，也影响了她对奶奶的尊重。我们家所有好吃的，都是让孩子第一个给奶奶。奶奶因为心疼孩子，开始总是自己不要，留给孩子。我们就对孩子奶奶说："您必须拿着，因为她必须知道谁是我们家最值得尊重的人，那就是每天辛苦带她的人。她必须懂得感谢的方式，就是把最好的东西给对自己最好的人。"

我和婆婆相处得也非常好，因为我发自内心地感谢婆婆过来帮我们的忙，没有婆婆帮我们带孩子，我们夫妻不可能全身心地投入工作，为培养孩子打下良好的物质基础，同时在事业上实现自己的价值，获得成就感。这些也是让孩子以我们为傲的资本。孩子从小就看着我们如何对待她的奶奶，如何努力工作的态度长大的，并模仿我们。我们对孩子的教育不是讲大道理，而是身体力行地给孩子做表率。

第三章

4~12岁儿童期培养的
重点：学习能力

01

4~12 岁儿童期生长发育的特点

医学心理学研究表明，这个年龄段是孩子脑功能迅速发展的阶段，生殖系统的发育逐步完善，慢慢接近于成人。孩子的心理发育非常迅速，语言发育也到了最快的阶段，有了语言以后思维也在逐步形成。在这个阶段，家长需要注重孩子的智力培养。3~7 岁为具体思维前期，这个阶段的孩子思维仍然离不开实物和实物的表象，虽然已经能对生活中经历的事物进行正确的推理和判断，但往往基于自己的逻辑和过多的臆想，得不出正确的结论。8~11 岁属于具体形象思维的建立期，懂得了具体事物的分类、相互关系等，可以形成一定的分析能力、理解能力、认知能力以及想象力。

大多数 4 岁左右的孩子，行为上，开始可以自己穿衣服、穿鞋；语言上，开始可以使用句子叙述一些事情，比如可以简短地描述幼儿园里发生的事情，以及观察到的老师的表现和其他小朋友的表现。家长可以通过和孩子聊天了解幼儿园的情况。

从幼儿园到小学，从小学到初中的阶段，他们会慢慢体会到什么是学习，什么是纪律，什么是考试，什么是压力，什么是竞争，等等。在人际交往上，他们会慢慢产生性别的认知，会理解来自他人的喜欢和讨厌，会理解权威感是怎么回事，会产生上进心和羞耻心，会体会到什么叫荣誉感、成就感、自豪感等精神愉悦的感受，会开始产生自我驱动能力、自我约束能力等心理反应。

这个年龄段的孩子因为开始接受不同的教育，其人格特质开始显现。人格形成的因素包括生物遗传因素、社会文化因素、家庭因素、学校教育因素、个人主观因素。这些形成人格的因素中，社会文化、家庭和学校教育对孩子人格的影响是极为重要的。

孩子从上小学开始就进入了一个很容易受同学、老师和社会影响的阶段。这个年龄段的孩子开始慢慢地接触社会，登上社会交往的平台，体验和经历着对未来自身发展很重要的第一阶段：学习阶段。

在这个阶段中，孩子必然会经历学习文化知识，选择朋友、和朋友相处，处理各种竞争等因学业、社交带来的困惑和压力，因而产生心理变化。家长对这个年龄段孩子的心理变化要很敏感，并需要极大的耐心去理解孩子的这种心理变化。一些家长只顾自己的情绪，采取简单粗暴的教育方式，是造成孩子未来心理疾病的重要原因。

家里有这个年龄段孩子的父母更要注意自己的言行。孩子对父母的言行非常关注，他们会有意无意地模仿父母的言行，通过大人对他们的态度来解读自己的价值。所以大家常说孩子是父母的镜子，这句话的理论根据就是孩子这个时期的心理和身体发育的特点。

这个阶段，家长如果只注重孩子的饮食和学习成绩，忽视了孩子的心理发育，那么孩子的性格、思维方式，甚至判断事物的标准就有可能跟随父母的态度而发生偏差。这是孩子三观建立的最初阶段，很多人的三观和父母一样，因为他们的三观就是在思维刚建立的时候由父母搭建的。如果父母三观不正，那孩子的三观也很难是正确的。而成人以后，改变三观是很难的事情。

　　这个时期才是孩子真正需要父母有效陪伴的时期。父母需要对他们的生理和心理发育进行关注，对他们刚进入学校时的学习生活耐心指导，给他们树立正确的学习和娱乐的观点。建立一个包容各种观点，能够客观看待人和事的世界观；建立一个积极、乐观、要强、上进、独立和勇敢的人生观；可以判断什么是自己能够控制的、对自己最重要的，什么是自己不能控制的、对自己不重要的价值观。有了这样的思想架构，孩子在成长过程中，自然就会成为一个拥有独立思考能力、独立生活能力，努力上进，懂得理解他人，拥有很多朋友，令人喜欢的人。

02

4～12 岁儿童期的育儿重点：学习能力

几乎所有的家长都知道学习能力对孩子完成学业的重要性，但是很多家长并不知道学习能力都包括哪些，如何培养。一般来说学习能力包括智力因素和非智力因素。

（1）智力因素：观察力，记忆力，注意力，想象力，分析判断能力，思维能力，应变能力，等等。

（2）非智力因素：学习的兴趣、动机、方法、习惯，自信心，情感，意志力，性格，风格，目标，抱负，信念，世界观，等等。

曾经很多人问我智力因素是否来自遗传。我给出的回答是，一部分智力因素与遗传有关，比如记忆力和对某种事物的观察力。看过电视节目《最强大脑》的人会了解，里面很多人超强的记忆力和观察力是来自遗传，他们从来没有接受过任何刻意的训练和培养，却拥有一般人通过训练也无法达到的快速而准确的记忆能力、极强的分辨能力和观察能力。对于大多数人来说，虽然无法达到记忆力和观察力超常这样的智力水平，但是后天的训练和培养，对智力因素也是有促进和增强作用的。

关于记忆力如何提高的问题，我根据所学的知识做一个简单的介绍。

一般来说，记忆分为有意识记忆和无意识记忆。无意识记忆是指不需要主动注意和努力去记忆，却在头脑中留下了印象。这种记忆往往适用于对个人具有重大意义的事件，符合个人兴趣和关注点以及适合个人需要的事物，能激起个人情绪活动或者情感体验的事情。

比如很多人都能记住自己第一次接吻、第一次约会、第一次见到怦然心动的人的情景，甚至清楚地记得对方当时说了什么话。再比如孩子很容易记住他看的动画片里面人物的名字，甚至他喜欢的电视剧里面的台词，等等。这些都属于无意识记忆。这种记忆的特点是不能获取系统的知识。

而与学习能力有关的记忆能力是指有意识记忆。这种记忆需要运用一定的方法，主动参与并付出一定的意志努力才能完成，比如我们需要记住书本里面的很多知识。有意识记忆的效果比无意识记忆的效果要好，在我们学习和工作中有着更为重要的意义和作用，是掌握系统知识的主要方法。

有意识记忆的方法往往分为机械性记忆和理解性记忆。一般来说，理解性记忆的内容更全面、精准，保持时间长，也很容易在日常的生活和工作中学以致用；而机械性记忆也就是我们常说的死记硬背的方法，记忆的内容在大脑中保留的时间比理解性记忆要短，遗忘得更快。

我们很多人在工作或学习中想不起来自己曾经学过的知识，笑称"全部还给老师了"的原因，就是当时记忆的方法是靠机械性记忆，死记硬背的。这样的学习方法根本达不到学以致用的目的。

在我们培养孩子使用有意识记忆的方法时，要引导孩子运用理解性记忆的方法去增强自己的记忆能力。这样不但利于孩子真正学会、学懂知识，也利于孩子将记忆中的知识系统化以后，建立一个良好的思维体系，为未来在生活和工作中正确使用所学的知识打下良好的基础。

我还要强调家长要重视孩子在这个年龄段心理素质的培养。心理素质的培养中，决定孩子未来职业道路能否成功的关键是意志力的培养。

大多数家长都能够认识到孩子学习能力的重要性，所以会投入大量的精力和物力培养孩子的学习能力。各种培训班、补习班的出现就是为了迎合家长的这种心理。但是家长却往往忽视了孩子意志力的培养，这种疏忽是造成孩子遇到任何困难首先选择退缩的原因。表现在这个年龄段的孩子身上就是，不爱学习，干什么都没有常性，什么都想干又什么都干不好，面对困难选择逃避，等等，在家长眼里的表现就是不努力、不上进。

用什么方法来培养这个年龄段的孩子，使其拥有良好的意志力是家长最应该重视的问题。意志力是一种个体自觉地确定目的，并能根据这个目的支配、调节行为，克服各种困难，从而实现自己预定目标的能力。意志力表现为个体将内部需要的意识转化为外部的行动，是一个人内驱力的来源。

比如两个孩子同时学习钢琴，一个缺乏意志力的孩子的表现就是整天被家长逼着练习钢琴，他自己内心没有需要和渴望，很厌烦弹钢琴这个事情，也根本无法集中注意力投入练习，很难坚持下来。而另外一个有意志力的孩子，因为自己内心渴望能够弹出一首好听、优美的曲子，不需要家长催促或者强迫，自己就会不断地练习，靠自己的努力去满足自己内心的渴望，因此他会比那个被迫弹琴的孩子更投入、更努力，并很容易坚持下来。

这两个孩子对弹钢琴这件事的心态不一样。缺乏意志力的孩子，由于缺乏内驱力，会感觉学习钢琴是一件非常痛苦的、无趣的事情，因为反感根本就学不好。而另一个渴望弹一手好钢琴的孩子，因为喜欢，就会觉得弹钢琴是一件令自己内心快乐有趣的事情，更容易学成。

这个道理与很多家长和孩子对待学习一样。缺乏意志力的父母自己不爱学习，觉得学习是件非常痛苦的事情，并会把这样的观点灌输给孩子，让本来不懂学习为何物的孩子，被不断暗示学习是无趣的、辛苦的、令人讨厌的事情。

孩子不爱学习，家长才是罪魁祸首。这个年龄段的孩子都是在模仿家长，接受家长的思维方式和教育。

如果家长自己是一个意志力很强的人，用自己对待学习和工作的思维方式，去教育和感染孩子如何对待学习这件事情，那么孩子便会通过观察家长把学习和工作当作一种生活乐趣的态度和言行，模仿强化到自己幼小的思维方式中，学习父母的样子，对学习任何东西都能产生兴趣，从而在内心设立一个自己渴望的目标，启动内驱力来激励自己去完成。所以学校和培训班不是孩子人生的起点，家长才是孩子人生的起点。

03

开始走进学校，如何培养孩子的学习能力

带孩子看动画片就可以培养孩子的学习能力。

很多 4 岁左右孩子的家长说："不能让孩子过多地看动画片，把眼睛都看坏了，也没有什么好处。"这句话对不对？说看动画片会造成孩子视力下降，也许这没有错，但这不是动画片的过错。孩子就是看新闻联播时间长了，视力也会下降。这是观看时间的问题，因此只要有效控制孩子的观看时间，就可以避免这个问题。

但是说看动画片没有好处，我不同意。很多时候，家长让孩子看动画片的目的是用动画片来吸引孩子的注意力，不要吵闹，这样可以让自己干一些自己的事情，让家里稍微安静会儿。而很少有家长会主动和孩子一起看动画片，并给孩子讲一些关于这部动画片的知识。注意，我没有说陪孩子一起看动画片，因为陪是一种被动心态。我说的是和孩子一起看动画片，这是一种主动参与孩子活动，和孩子一起成长、学习的心态。

我想很多家长都在随大流地逼孩子学习各种乐器吧？可是这些家长有没有想过，如果自己都没有音乐知识，都不懂音乐，如何让自己的孩子对音乐

有兴趣呢？很多孩子都喜欢《千与千寻》《天空之城》这两部动画片，但是因为没有被引导关注里面的音乐，去刺激他们喜欢音乐的内驱力，孩子怎么能够愿意学习乐器呢？小孩子很容易产生爱屋及乌的心理，很容易因为喜欢这个动画片而喜欢听里面的音乐，因为喜欢听里面的音乐而想要学会一门乐器。久石让的钢琴曲是培养学钢琴的孩子热爱音乐、坚持练习的非常好的激励因素。

爱孩子最重要的表现就是理解他，愿意花时间在他身上和他交流。我女儿很小的时候，我就用她能理解的方式和她交流。

比如我会带着她一起看《白雪公主》，一遍又一遍，以此来培养她的观察力，训练她的提问能力。我会问她："你知道 7 个小矮人都叫什么名字吗？如果不知道，我们再看一遍吧。"然后在出现 7 个小矮人名字的时候，我会把画面固定住，让她看这些人的名字。我会问她："你是如何区别谁是谁的呢？"她可能会告诉我，她是通过他们穿衣服的特点来区分的。

这样我们不但可以很好地沟通，还可以培养孩子的观察力和思考能力。孩子在看过好几遍《白雪公主》以后，问过我几个问题："妈妈，7 个小矮人为什么天天不换衣服呀？他们为什么长那么矮呀，是不是不好好吃饭？他们天天都吃什么呀？他们也吃饺子吗？……"

对于孩子的这些问题，我从来不胡乱回答。

比如关于小矮人天天不换衣服的问题，我会问她："你是如何区分他们的呢？是不是就是因为他们的衣服不同？如果他们换了衣服，你还能区分他们吗？白雪公主是不是也会遇到这样的问题？白雪公主会不会给他们做了两套一模一样的衣服，他们晚上脱下脏衣服，第二天白雪公主在家把他们的衣服洗干净，给他们穿另一套干净的，这样他们看上去好像没有换衣服，其实他们天天穿的都是白雪公主洗干净的衣服，所以白雪公主又聪明又能干吧？"这样就给孩子树立了一个白雪公主不但漂亮，还善良、勤劳、聪明的形象。孩子因为喜欢白雪公主，渴望成为白雪公主，就会把这样的品质当成是自己应该具有的。

慢慢地我女儿就按照我们已经养成的这种边看边讨论的方式去看其他的动画片，观察很多细节从而学到很多知识，还会产生很多联想。比如前面问的问题，都是我的女儿在看动画片的时候问我的。她看《美女与野兽》的时候，问："妈妈，你看贝儿的爸爸长得像谁？"我看了半天也想不起来。她说："像不像爱因斯坦？贝尔的爸爸是科学家，爱因斯坦也是科学家。"我真的很惊讶孩子的联想能力。

对于从小学习钢琴的女儿来说，她通过看《天空之城》《千与千寻》《龙猫》等知道了久石让。她听遍了久石让所有的作品，通过久石让了解了日本现代音乐。我带她去听久石让音乐会，她说："只要音乐一响起，我眼前就会浮现动画片里面对应的画面，甚至还可以区别现场演奏和动画片中音乐情绪的不同。"

一部动画片是否可以让孩子学到什么，完全取决于父母对孩子爱的程度。父母和孩子一起看，看完一起讨论，还可以防止孩子看电视的时间过长。用讨论的方法不但培养了他的思考能力，还建立了一种和他产生共鸣的情感交流方式，而不是让他一个人傻傻地看电视，与大人完全无沟通和交流。

每次和孩子一起看完动画片，我都要上网去了解相关的知识。就是因为和孩子一起看动画片，喜欢里面的音乐，我才知道《美女与野兽》里面的歌，曾经获得过奥斯卡奖，歌名叫 *Beauty and the Beast*，是 Celine Dion 和 Peabo Bryson 唱的。我把这个知识分享给我的女儿，她也拥有了这个知识可以和同学朋友分享，从而得到同学和朋友的钦佩。

所以不要小看和孩子一起看动画片这件事情，大人带着孩子看动画片，不但可以培养孩子的观察力、记忆力、审美能力，还可以培养孩子对音乐的鉴赏力，对其他知识的扩展能力，甚至是培养孩子的一种学习方法。

不过如果大人自己都没有这些知识，当然无法指导孩子。一个愿意和孩子一起成长的家长才是优秀的家长。为了了解和理解孩子的心理，进入孩子的内心世界，建议家长从和孩子一起看动画片开始，训练自己本身可能缺乏的能力，这样才能培养出真正优秀的孩子。这种思维方式不论是对孩子看电视还是上网、玩儿游戏都是适用的。

（1）如何培养孩子的观察力

孩子观察力的培养很重要，这是孩子将来拥有创造力、逻辑思维能力和人际交往能力的基础。

我第一次发现女儿观察力差是在她5岁多的时候，我让她在一个比较乱的桌子上找东西，她总是找不到，后来我弟弟的孩子过去一找就找到了。似乎她并不是不认识，也不是不认真，就是发现一个东西很慢，也就是她对差异性的事物的区别判断能力比较低。

后来我再次发现她有这个问题，是通过和她一起玩儿"大家一起来找错"的小游戏。两幅看似一样的图，里面有几处是不一样的。我女儿和我弟弟的孩子一起做，我弟弟的孩子总是很快就能发现，而我女儿需要花很长的时间，还需要我的暗示才能找出来。

我意识到这个问题以后，就开始对她进行大量的训练。我到书店买了成套的找错或者找不同的训练书。这些书从简单的两幅画到复杂的画，从找6处不同到96处不同。

这类书有一个特点，就是画越复杂，里面的错越少、越隐蔽。不但可以培养孩子的细心和耐心，还可以培养孩子良好的记忆力、观察力和分辨力。我当时每天让她看一个，不限制她的时间，只要她能够找出来就马上表扬她，并让她给我讲，她是怎么找出来的。当她拥有了成就感以后，特别是掌握了方法以后，她慢慢就喜欢看这类书了。

我会抓住任何机会训练她的观察力。比如我带她出去玩，让她在地上找完全不一样的树叶，然后告诉我，哪里不一样。还有让她学习钢琴，一个小符号，一个小指法都不能错。我教她注意观察人的表情代表的意思，包括我们一起看电视，我会问她我注意到的一些细节，看她注意到没有。如果没有，我会再带她看一遍，让她产生"我怎么没有注意到"这样的想法，观察力也会逐渐提高。让她在看似相同的情况下，能够看到细微的不同，这对她后来的学习工作中细心的培养，发现问题和解决问题的能力的培养都有很大的帮助。

一个人如果观察力弱，对人、对事的观察力都会很弱。会拍马屁的人往往观察力都很强，对领导的需求和细微的情绪都掌握得很到位。当然观察力很强的人不一定会拍马屁，因为对拍马屁这件事的价值判断不同。

一般观察力不强的人还可能比较粗心，而且不太懂得倾听。倾听是指能够站在对方的角度去理解对方说话的情绪和心理，并能够分析出对方说话的意图和背后的真正含义。听，就仅仅是耳朵听见了，并没有真正理解对方的意图。倾听的能力是人际交往中非常重要的技能。这种能力需要听的人从对方细微的情绪表达中感受到背后情感层面的东西，需要拥有很好的观察能力、理解能力和领悟能力。

我反反复复地做了很多找不同的练习。例如，等人的时候，可以观察旁边的人，注意他们的表情、体态、姿势，分析他们为什么会出现在这里。这些都需要在心非常静的前提下进行，慢慢地就会养成习惯。

（2）如何培养孩子的意志力

很多家长都在随大流地让孩子学习各种特长，但是孩子很难坚持，因为感觉很累，家长也会找各种理由和孩子一起放弃。原因就是家长从来不清楚，孩子学习一个特长到底是为了什么。不知道如果孩子学一半放弃等于没学，等于根本没有兴趣和特长，而且还形成了一种面对困难很容易选择放弃的习惯。

曾经有网友这样提问：

狐狸姐，我的女儿10岁了，我看不到孩子有何特长。曾学琴两年放弃了，学画画、学舞蹈一年后也放弃了，孩子说对这些不感兴趣，也不爱看书。唯一好的是写作业认真，听讲认真。除课本外什么也不愿意多学。这样以后肯定不行。姐姐说的核心竞争力指什么？是不是指特长啊？怎样规划孩子的未来？十分担忧啊！

我当时给她的回复如下：

很多时候，我们只能看到孩子是否具有某种天赋，而无法看到他有什么特长。孩子的特长都是靠父母培养出来的，没有孩子天生有特长。有些孩子有艺术天分，那是天生的。比如莫扎特，他从小就有音乐天赋，但是他的钢琴特长也是后天父母培养的，并不是生下来就会弹钢琴。他的天赋因为后天的培养得到了极大的发挥，他5岁写的曲子到现在还是所有学钢琴的孩子必须练习的。这样的孩子叫天才，很少有。大部分的孩子都是普通的孩子，如果不培养，孩子就没有特长。但是每个孩子都有自己的天赋，这是需要父母去注意发现的。我的女儿1岁时，我就发现她对音乐特别敏感。只要她听到音乐，就会立刻全神贯注，并随着音乐的节奏开始摇晃身体。根据她对音乐感兴趣这个特点，我让她6岁开始学习钢琴。这并不意味她的特长是喜欢音乐，会弹钢琴才叫特长，但是是在喜欢音乐这个爱好上发展起来的。比如很多人都喜欢听音乐，那么是不是喜欢听音乐就算特长呢？不是，那是爱好。要把爱好发展成特长，就需要大人的精心培养和教育。我发现她喜欢音乐，我让她练习钢琴，对于一个有乐感的孩子来说，学习乐器更容易培养出兴趣，所以我决定把她这个爱好发展成她以后的特长。

在培养她学习钢琴的时候，我就想清楚了，为什么要她学习钢琴，目的是什么。我并不希望她成为钢琴家，但是我要培养她的是一种生存能力，这种能力不是所有人都具备的，这才是竞争力，不仅仅是钢琴演奏得好这样简单的能力。会弹钢琴的人很多，但是真正拥有我需要的这种竞争力的人并不多。

这种竞争力是什么？就是让她以后不论干什么都能够坚持，都能拥有练钢琴这样持之以恒的耐力，都能耐得住寂寞、耐得住艰苦、耐得住烦躁的能力；在面对困难，不能坚持下去的时候，能够自如地控制自己心态和情绪的能力。

大多数的孩子都如同上文提问中涉及的女儿一样，干什么都坚持不下去，三分钟热度，然后就没兴趣了。这很好理解，谁会对一个辛苦、枯燥的事情保持持久的兴趣？大多数的成年人都做不到，更何况是一个充满好奇的孩子。现在很多孩子也是从小练习各种乐器、绘画或者跳舞，但是真正能够坚持下来的并不多，大多数孩子都是半途而废了。

其实这是大人的问题，不是孩子的问题。大人从思想上都不清楚到底为什么要让孩子学一样特长，目的是培养孩子的什么能力。在孩子练习过程中，大人非常辛苦，长年累月、风雨无阻地每周上课，很多大人自己都不能坚持，会嫌烦嫌累。大人如果都不能坚持，爱抱怨，孩子如何可以坚持？我带孩子学琴的时候，就听很多大人抱怨地批评孩子："我容易吗？每周都要带你来练琴，耽误我很多时间，你还不好好练习，花那么多钱，值得吗？你要不愿意练，就不要练了。"

大人说这种话，孩子会怎么想？他们一定想："本来我就不想练，还不是为了你们，是你们逼我学这个没有意思的东西的。"作为孩子，他们根本就不知道为什么大人要让他们学这个。甚至大人自己都不清楚，怎么能怪孩子不能坚持呢？

这个世界没有人会主动喜欢去做很辛苦、很枯燥、很需要耐力才能完成的事情。大人的这种思想传达给孩子的，就是大人本来也不耐烦，也不知道为什么要让孩子学，因此孩子很高兴放弃。这个时候大人就会以给孩子自由，实则是大人不愿意给自己找麻烦的心态，放弃了培养孩子自我控制能力和毅力的机会。

我和所有学习钢琴的孩子父母一样，也遇到过这样的情况。众所周知，学钢琴是非常艰苦的长时间的事情，家长要为此付出很多时间和精力，孩子要付出很多耐心。就连李云迪、郎朗小时候都厌烦过练习钢琴。在这个过程中，我早就做好了和孩子一起锻炼毅力的准备。学习钢琴很枯燥，一个小练习曲，一弹就是好几个月。我自己小时候学过手风琴，过程大同小异。

我从来不抱怨，也不嫌烦，但是我从来不陪女儿练琴。开始我不要求她要弹得好，我只要求她完成老师留的作业和每天保证必须弹半小时。我从来不呵斥她，也不纠正她。因为有老师，老师说话比我管用。我就负责监督她的练习时间和监督她上次老师指出的缺点改正了没有。还有就是不管刮风下雨，我们从来没有缺过课，我就是要让孩子体会，妈妈做事情是很认真的，因为我要让她懂得什么是认真。每次老师给她上课，我都在旁边认真地做笔记，让她感觉到我很重视这个事情，也很尊重老师，这样她自然也会重视老师的意见和批评。

当她受电视节目诱惑而想放弃练琴的时候，我就给她讲道理，告诉她学会控制自己以后有什么好处，不管她是否能够听懂，我依旧在她不能控制自己，或者不想控制自己的时候，耐心地给她讲道理，不厌其烦。**我会用讲道理的时间拖延她的欲望，直到她的欲望消失。然后我告诉她，其实不是她不能够战胜欲望，而是她需要一个方法学会当欲望来临的时候控制自己。**

当她坚持不下去的时候，我会给她讲任何事情都不是随便可以成功的，都需要付出比别人多的努力，并用我的经历告诉她，我是如何努力的，是如何战胜诱惑的，慢慢地培养她的自我控制能力。

我明确地告诉她，我不是想把她培养成一个钢琴家，**我就是要让她懂得**

学习一样东西从不会到熟练甚至到成功是一种什么体验，什么感觉，需要付出什么样的辛苦，要忍受什么样的寂寞和枯燥，要如何学会控制自己的欲望和情绪。因为这些东西在她以后的生活中会不断出现，这才是她最需要的核心竞争力，一种强大的内心支持。这样的教育从她6岁学钢琴开始，到现在我从来没有停止过。

即使我在她钢琴演奏水平已达8级、10级的时候，带她参加比赛，我都告诉她："比赛结果不重要，重要的是我要让你知道，你拥有了资格。这个资格是你自己用了这么长时间奋斗出来的。通过这个比赛，我还想让你知道一件事情，就是看看这些参加比赛的孩子，你就知道，如此努力的人不是只有你一个，什么时候都会出现比你还强的人，他们比你还努力。"

当孩子得了一等奖的时候，我除了为她庆祝，我还会问她："你为自己的荣誉和成功高兴吗？这就是你努力的结果，通过练习这么多年的钢琴现在得奖，你有什么体会？"我要让她自己说出来"人的成功必须要付出努力"这个道理。这是我对她人生观、价值观建立的过程。**我不是让她只为自己成为第一名高兴，我要让她为自己的努力和成长高兴，我要让她知道，她一切的努力都是为了自己得到最大的快乐，而不是为了我。我告诉她，如果能够发扬这种练习钢琴的毅力和体会，她以后的生活中不管干什么都会获得更多的成功、得到更多的认可。**

因此我要说的是，我们不是为了培养孩子一种特长而让孩子去学什么，我们是为了培养孩子一种生活能力而去学习。学习一种特长是培养手段，而不是培养目的。孩子学的特长越多不一定竞争力越强，而是我们要在培养孩子拥有一种特长的同时，培养孩子克服困难、抵御诱惑、战胜不良情绪、增强自己做事的毅力等一些做人的优良品质。

这些特长也许并不能成为他未来工作的竞争力。只要他拥有别人没有的品质，能够独立解决问题，抵抗诱惑，能够控制自己，就能最终在其所从事的领域中取得成功。一个人能够成功，不是要具有某种特长，而是要具有某种成功的素质，而这种素质的培养可以通过从小培养孩子特长开始。

当然这一切都需要父母的自我约束和严格要求。一个没有自控能力的父母无法培养出一个有自控能力的孩子。言传身教永远是教育孩子最好的方式。

只抓学习不注意思想教育，看上去严格，实际上是放任。让孩子小时候就懂得要学会控制自己，要学会坚持，要培养自己的耐心和耐性。只有从小接受这样培养的孩子，长大才能够很好地控制自己，很好地安排时间并合理地运用时间，很好地排解自己心中的不良情绪。

一个孩子要想成为一个健康的人，首先要拥有一个健全的人格，而这是靠内在精神支持的，也是孩子长大以后的魅力所在。**有才华和有人格魅力是两个概念**。做父母的不能只把目光集中在培养孩子的才华上，而忽视在这个过程中更重要的孩子内在魅力的培养。一个有才华的人不一定会做人，不一定拥有正确的三观，不一定有成就。

家长需要在尊重孩子的基础上循循善诱，把孩子当成一个主体的人去对待，而不是一个自己的附属品，不要动不动就呵斥打骂孩子，过分发挥自己的控制欲，或者干脆娇纵放任。这都是对孩子的教育、培养不负责任的表现。

孩子需要受大人控制这个没有错，否则法律就不会规定18岁以前的孩子需要大人监管。因为这是培养孩子的阶段，而培养的过程也是大人可以合法控制的过程。但是大人不应该滥用控制权，该控制的不控制，不该控制的乱控制。

培养孩子学习一样东西要善始善终，这就需要大人监督和控制，但很多大人都不管。而不该控制的，比如孩子的学习成绩，很多大人却过分控制监督。其实孩子学习不好，与从小没有好好培养良好的学习习惯有关，这其实是大人的错误。而大人却把自己教育疏忽的错误，追加到孩子的成绩上去指责孩子，这就是不合理的控制。这样做，看似放纵孩子，给了孩子表面的自由，但是孩子的心灵并不自由。

而如果培养了孩子良好的思想品质，孩子心灵上就会自由，他知道他所做的一切都是为了自己，不是为了大人，就不会在乎吃苦、枯燥，也不会逆反。他会认为大人没有控制他，而是他自己在为自己做主。大人能做的就是在一旁指导他、支持他、鼓励他，让他感觉大人就是他的啦啦队，是他可以交心的好朋友。

（3）如何培养孩子的责任意识

想要培养这个年龄段的孩子的责任意识，首先要明确责任意识指的是什么。责任意识就是清楚明了地知道什么是责任，并自觉、认真地履行社会职责和参加社会活动过程中的责任，把责任转化到行动中去的心理特征。

"责任"这个词属于抽象思维范畴，人的抽象思维的建立是从 11 岁左右才开始的。小学 1 年级的孩子年龄应该在 6 ~ 7 岁，这个年龄段的孩子是没有责任这个概念的，他们根本理解不了这种抽象的概念，他们还处在形象思维为主导的阶段。如果问问身边小学 3 年级的孩子：什么是责任？几乎没有孩子能回答上来。

当一个孩子从来没有考虑过一件事情做与不做会有什么结果时，也就谈不上选择。除非他看到做的人会得到什么他想要的利益，不做的人会接受什么他害怕的处罚，他才会在做与不做中选择对自己有利的行为。动物的生存本能是趋利避害的。或者他自己做了以后觉得做是很有趣的，让自己感到快乐的时候，他也会主动选择做。

人类的责任意识不是自然产生的，而是通过教育建立起来的。责权利成为一体的时候，人类才会有责任的概念，特别是权利和奖惩制度的建立。对于孩子来说，按时完成作业可以得到某种利益，比如可以受到老师的表扬，可以当班干部，等等，会驱动孩子去按时完成作业。这是启动了孩子渴望得到利益的内驱力。同样不按时完成作业就会受到处罚，比如当着全班同学的面被老师批评，受到同学的嘲笑，或者在全班面前罚站，自尊心受到伤害。学生为了避免这样也会按时完成作业，这是启动了自我保护的心理。奖惩制度执行的次数多了，经历的时间长了，孩子长大拥有抽象思维能力的时候，就会理解责任和承担责任是怎么回事了。

家长给孩子建立起来的生活习惯，和孩子自己意识到什么是自己的责任完全是两回事。孩子从幼儿园开始按时完成作业，这是被家长从小培养出来的良好的学习习惯，但是并不能说明这个孩子已经具有了责任意识。就像从小被培养的爱干净的人，他们的生活习惯就是每天把房间收拾得干干净净，但是他们并不认为这是履行责任，只不过是他们的生活习惯而已。

我女儿从小一直都是一个按时完成作业的孩子，但是她并不知道为什么要按时完成作业，这不过是我们给她培养的一种生活习惯。放学第一件事是写作业，第二件事是练琴，然后才能做她自己喜欢的事情。她并不是因为有责任感才这样做，而是我们给她建立的一种生活习惯和流程。

虽然她也看到了不按时完成作业的孩子会受到老师的批评，但是她没有亲身体会过。直到她上 4 年级的时候亲身体会了一次没有按时完成作业，被老师当众批评的滋味以后，她才真正意识到父母为什么要求她回家第一件事情就要完成作业。以前都是她进家门，我说："快去写作业。"她就听话地写作业。而通过亲身体验了不写作业的后果以后，写作业都不用我说了，她回家就会自己主动写作业。

甚至到了加拿大这个不要求按时完成作业的国家，她都一直保持着这个习惯。但这并不代表她从此就懂得了写作业是她的责任，她这样做只是一种养成的习惯，也是她保护自尊心不受伤害的一种方法。

对孩子责任心的培养就是给孩子制订明确的奖惩制度，告诉孩子这样做的好处是什么，比如可以得到很多人的喜欢，可以得到很多朋友，可以得到爸爸妈妈的爱，等等，这些都是孩子最想要得到的心理安全感。他因为害怕失去这些利益，自然就会去做。比如履行承诺是一种责任，当他明白不履行承诺就会失去朋友、失去爱，失去很多本应该属于他的利益时，他自然就会去履行承诺了。因为他无法承担失去这些利益所造成的后果，也因此而懂得了什么是承担责任。

04

如何培养孩子热爱学习的内驱力

这个年龄段的孩子即将或已经进入小学的学习阶段了，很多家长也开始为一年级的孩子慢慢显露出来的不爱学习、写作业拖拉等毛病发愁了。

一年级的课程其实并不是很难，很多都是基础课程，比如认字，学习拼音，学习词组，造句，学习基本的算数，等等。大量的作业都是为了增强孩子的记忆而不断重复的。比如一个字或者一个词要写很多遍。1＋2＝3，2＋1＝3，这样的计算要反复练习很多次。

如果家长找不到让孩子对做这些重复劳动发生兴趣的方法，只是一味地强迫孩子不断重复写，孩子就会觉得写作业是一件枯燥无味的事情，写几个就烦了。如果再加上家长不耐烦的催促和对他的劳动成果的否定，孩子会从一开始写作业，就对这个事情产生反感。再因为写得不好，作业得分低，受到老师的批评，回家还被家长责骂，孩子就更不爱写作业了，慢慢地就会写作业拖延，甚至不爱写作业。

很多家长自己也认为学习本身就是一件很辛苦的事情，他们自己上学的时候就是在要刻苦努力学习这样的教育氛围中长大的。所以在教育孩子学习的时候，他们也会把"学习虽然很无聊、很辛苦，但是仍需要努力，因为只有学习好，以后才能上好的大学，才能找到好的工作"这样的理念灌输给刚上小学的孩子。且不说刚上小学的孩子是不是懂为什么要上大学，为什么要学习好的道理，单凭大人给孩子灌输学习是份枯燥无味的苦差事，再加上大人连喊带骂地逼孩子学习，也会让孩子慢慢觉得学习真不是件好事。不论是逆反心理还是对大人态度的抵触，都会让孩子从心里反感学习。大人体会不到学习的乐趣，孩子自然也从大人的态度中体会不到学习的乐趣。

在女儿上学前，我为了能够让她热爱学习和生活，只做了一件事情，就是发掘和启动她的内驱力。如果大人教育孩子学习是一件非常好玩儿的事情，并且可以带着孩子一起玩儿，那么孩子就不会觉得学习是无聊的事情。

我把孩子喜欢玩儿模仿的游戏和找不同的游戏，带到孩子写作业里面，让孩子感觉写作业不过就是玩儿游戏而已。

上小学1年级的时候，孩子有学习写字的作业，一写就是很多遍，甚至一页都是写一个字。如果告诉孩子一个字必须写多少遍，孩子就会觉得这种重复很无聊。但是如果告诉孩子，看他能不能写得和书上印的字一样。让他边写边对照自己写的和书上的哪里不一样。这不但让作业变成了模仿游戏，还变成了找不同游戏。

我女儿第一次上学回来写这样的作业的时候，我在她写完几个字以后对她说："我们来看看你写的与书上的一样吗？"然后，我和她一起看，这里不够平，那里不太像。"还有哪里和书上的不一样？"她看出来，我就会夸她好眼力，是个好侦探。然后我说："你再模仿书上的写一个，然后再看看自己写的哪里不像，咱们看看写到第几个的时候，你就模仿得和它一样了。"

开始的时候可能会很慢，她写完一个，就会叫我一起看，我会耐心地帮她继续找不同。慢慢地她就把写字当成了一个游戏，直到她觉得自己写得和书上一样的时候，会特别有成就感地叫我去看。我就会表现我的惊喜，夸她模仿得好，聪明能干。她受到表扬就会很高兴地越写越多。很快当她按照老师的要求写完以后，我会对她说："你看，你前边写得有些太不像了，要不你把之前写得不像的擦了，重新写几个像的给老师看看。"这样也能保证孩子的作业老师经常给5分。时间长了，孩子这样写字的心理就成了技巧，也会越写越快。

她用这个方法写的作业总是受到老师的表扬，因为写得特别工整而且好看。老师的表扬又让她受到了鼓励。她很快就进入了爱写作业的良性循环，不觉得自己做的事情是无聊无趣的，反而觉得很好玩儿。我从来没有教育她，写作业是一件很辛苦无聊的事，孩子也没有接受过这样的心理暗示。因此她从小学1年级开始，每天放学的第一件事，就是高高兴兴地写作业，这个习惯一直保持到她大学毕业。

家长如果用心观察会发现，孩子在玩儿自己喜欢的游戏时，很少会觉得辛苦和痛苦。比如喜欢打游戏的孩子，打一天都不会觉得累，但是对于不喜欢打游戏的人，玩10分钟就会无聊地放弃。什么原因造成的？心态不同！

我不信所有孩子都认为学习是痛苦的、无趣的、不得不做的事情。我自己不讨厌学习，觉得学习是一件很好玩儿的事情，可以从中发现很多乐趣。比如，我把通过学习得到的各种知识当成和同伴交往的手段，得到朋友的崇拜和敬佩让我很得意。那么我也相信，我能把这样的想法通过教育传递给孩子。

05

与人相处的能力，决定孩子未来的人际关系

（1）孩子礼貌行为和思想的培养

现在社会上给那些缺乏家教、令人讨厌的孩子起了一个绰号叫"熊孩子"。很多人都在问，这样令人讨厌的孩子是什么样的家长培养出来的？他们难道不知道孩子这样的行为会对他未来进入社会带来什么样的影响吗？可能很多家长真的没有意识到这个问题的严重性，没有想过"熊孩子"上了幼儿园、小学，成为一个让老师和同学都讨厌的学生时，会遭受到什么样的待遇，心理会产生什么样的变化。

一位女性朋友曾经给我提出过一个这样的问题：

这是我本科时候的事情，当时我跟寝室里一个同学一起上街玩，我俩并排坐在公交车上，坐在我们对面的是一个小男孩，大概五六岁的样子，男孩的妈妈坐在他旁边，我们四个人就这样对着坐。那个男孩很淘气，总抬起脚踹我同学，同学雪白的裤子被踹了好几道黑印。男孩的妈妈很温柔，见自己

家孩子淘气就一个劲儿地跟孩子讲道理，只是嘴上讲道理，不温不火地头头是道。但小孩子根本不听，继续用脚踹我同学的白裤子。我跟同学没办法，看这个妈妈根本不能控制自己的小孩，只好闪到一边，躲远点站着了。当时很窝火，讨厌这个孩子的母亲，火烧眉毛了还只知道动嘴皮子，但是事后我想了想，要是换作我，我也不可能当着众人的面对自己的小孩动手啊，这样很伤小孩自尊的。仔细想想当妈的很难做：不能当众打骂教训，想按住小孩的腿又按不住，一味地说教又不顶事还惹得别人不满。那狐狸姐，要是你遇到这种情况，你是这个难缠、不听道理的小孩的母亲的话，你会怎样做呢？

其实我根本不会有这样的"熊孩子"，这一看就是从小在家里惯出来的，所以分不清家里和外面的区别。在女儿上幼儿园之前，我们就已经注重教育她分清楚家里和外面的不同了。让她知道，家里父母能够让她做的事情，外面的人也许是不允许她做的。

我当时的回答如下：

如果我是这个孩子的妈妈，我会马上用严肃的态度让他停止，告诉他这样做非常没有礼貌和教养，这样的行为我很讨厌。如果他还不停止，我会严厉地呵斥他，让他给对面的姐姐道歉。孩子的自尊需要保护，但也是有条件的。如果用一个教育孩子对自己美丑行为正确认识的机会，换取保护孩子所谓的自尊那就不值得了。

这个孩子的行为明显是不对的，本身就是一种破坏自尊自爱的行为，那么就要通过呵斥，让他知道什么是真正的自尊，如何建立正确的自尊。自尊不是因为丑陋的行为而得到的。

我会告诉他，他的行为是没有教养的行为，如果他不能够立刻停止，我会为有他这样的孩子感到耻辱和羞愧。我不会无条件地爱一个没有羞耻感、没有自尊心的孩子。他要学会为自己的不良行为负责，必须学会道歉。如果他执意不道歉，我会向对方道歉，然后下车以后，我会不理他。让他懂得不尊重别人的人，也不会被别人尊重；让他知道如果行为不正确，就会受到呵斥，甚至被人冷落。如果他不想再次受到这样的待遇，就必须学会改正错误的行为。

做父母的如果现在保护了孩子所谓的自尊，会让他将来步入社会以后自尊受到更大的伤害，社会上的人不会像父母这样宽容。在他小时候，就要让他明白这个道理。但是如果他能够在我的呵斥下，立刻改正并道歉，我会立刻亲吻他，并且告诉他，我为他的行为感到自豪。只有一个敢于承认错误并改正错误的孩子将来才会有希望。

我的女儿曾经因为不懂得主动礼貌叫人，被我这样教育。那个时候，她大概6岁。我和女儿出门，遇到一个老人，我让她叫奶奶，她就是不叫。我当着这个奶奶的面批评了她。我说："我没有你这样没有礼貌的女儿，我不愿意和你一起走，因为我觉得很丢脸。大家会认为是我教育得不好，导致你没有礼貌。"

我说完扭头就自己往前走。她在后面哭，我不理她。我知道她依然在我的视线范围里，很安全。等我走到很远了，她哭着追过来。我停下来对她说："我真得很难过。我真的没有想到我的女儿居然是一个如此没有教养的、不懂礼貌的孩子。你哭是觉得我说错了吗？"她摇头。我说："那么你希望做一个有礼貌，让妈妈为你自豪的孩子吗？"她点头。我接着说："那好，从现在开始我们见到的人，都要有礼貌地打招呼好不好？"她点头。我说："你不要哭了，我要看你的行动。"

然后我拉着她的手走了没有多远，对面来了一个邻居，我对她说："你要主动叫阿姨好，这样人家一定会很高兴，喜欢你，不信你去试试。"我们走到一起的时候，她怯生生地说："阿姨好。"结果那个邻居特别高兴地夸她乖。等对方走了，我蹲下来对她说："你看叫人多好，阿姨夸你乖，你高兴不高兴？"她点头。然后我亲亲她说："这才是我喜欢的有礼貌的孩子。我爱你，是因为你是个有礼貌有教养的好孩子，你记住了吗？"

从那以后，我就重点培养她主动叫人的习惯。大概过了几个月，她因为得到了很多叫人以后积极正面的反馈，慢慢就不再害怕叫人，很快就成了一个非常有礼貌、人见人爱的孩子了。我及时告诉她，我为有她这样的女儿骄傲、自豪。其实对于孩子来说，母亲对她的态度，决定了她的行为方式。

在教育孩子理解爱是如何产生时，我的观点非常明确：她必须成为一个能够坚强、独立生活的人，成人以后不要靠任何人，包括父母，就可以创造自己的生活；她要学会享受人生的每个经历、每个状态，感受人生不同阶段的幸福和快乐。到我们死的那天，我们看到她成为这样一个人，这就是她给我们最好的回报了。

我们努力做让孩子欣赏和佩服，从而深爱的父母；她也努力做让父母因为有她而感到自豪和骄傲，从而深爱的女儿。

我们夫妻努力奋斗的目的不是给孩子提供好的物质生活，那些必须靠她自己去获得，我们的目的是让自己能够拥有一个不靠子女也能安享晚年的老年生活。孩子在我们的生活里是我们爱的载体，我们的个体都是自由的，但是我们的精神自愿在一起。

（2）如何面对被同学孤立的情况

在孩子开始进入社会交往的阶段，就会出现"香三臭四"的社交常态：今天这几个孩子是朋友；过几天不知道为什么这几个就不好了，开始和其他几个扎堆成朋友了；没过多久，朋友圈又变了。面对这样的情况，孩子都会因为朋友的突然不理睬而困惑不解，从而造成心理压力，产生不愉快。

这是一个妈妈发在我的论坛上的一段话，她的问题就是由她女儿遇到类似交友困惑展开的。原文如下：

我的女儿今年10岁了。中午时间比较紧张，起初我送她去学屋，在那儿吃午饭、休息，下午我再去学屋接她。最近，她听说班里有 3 个女孩在学校附近一家单位食堂吃午饭，饭后直接去学校。女儿很羡慕，说有大学生的感觉，也要去。我就给她办了饭卡，送她去了。这样吃了几天，一天回来后她就很不高兴地说那 3 个女孩不想和她在一起，故意抛开她不和她说话，吃饭也不和她一桌，她都自己吃。女儿很难过的样子，哭了一会儿。我劝她，可能因为她是新来的，所以有个接受的时间，另外建议她问问其中熟悉点儿的女生是不是有其他原因。后来，我问女儿情况，她说还是她一个人吃的，问了那个女孩，她也说不出什么原因。一天晚上女儿说因为和她说话，那个女孩儿也受冷落了，人家也不和她玩了。然后说这样她们的人就越来越少了。我告诉她，真正的友谊应该让朋友觉得轻松快乐，如果因为和别人说话就不玩了，说明这不是真正的友谊，这样的朋友我们不要也无所谓。现在想请教大家，我的处理方式合不合适？是否有疏忽的地方？是否能有更好的方式？你们是如何处理孩子在人际关系方面的问题的？

我当时看到这个问题，想到女儿小学的时候也遇到过类似的情况，也是莫名其妙地被三个和她曾经要好的同学排挤。她回家后也为此想不明白而哭过，我就把我当时如何教育女儿的经验分享了一下。

我当时的留言是这样写的：

告诉你的女儿不要为这个担心，现在她们不理她是因为还不了解她。同时让她学会不要有从众的心理，自己去吃饭也是一种锻炼。告诉孩子，如果她在班里学习好，经常受到老师表扬，自然就会有同学喜欢她。到时候，她们会主动过来要求跟她好，她们的家长也会让自己的孩子多和好学生交往。**因此要想得到友谊，就要拥有令人佩服的本领。**

我非常了解孩子的心理。如果和他讲好好学习就是为了拥有更好的前途，为了考大学这些，对一个小学生来说，太难理解了。但是如果对他说，学习好，就会得到很多朋友，老师也会喜欢他，他为了满足自己想要拥有朋友、想要得到老师喜欢的愿望，就会启动他的内驱力来想办法达到目标。这个时候，学习对他来说就是达到目的的手段。在这样的心理驱动下，孩子不会觉得学习比拥有友谊和老师的夸奖要难。再加上家长用兴趣来引导孩子对学习的热爱，那么为了能够得到友谊，孩子很容易就能做好学习这个事情。

所以就这样，我女儿在班里永远是前三名，几乎所有家长都知道我女儿的名字，都鼓励自己的孩子和我女儿一起玩儿。我女儿很快就不再为没有朋友而发愁了。后来当她 11 岁出国，在国外因为语言遇到同样被排挤的问题时，我还是这么教育她的。她也是通过努力学习语言，靠内驱力提高了自己的学习成绩，很快就做到语言过关，并受到了老师和同学的喜欢。她不但拥有了很多的好朋友，还得到了很多因为老师欣赏而给予的锻炼机会。

我女儿小学时的一个同桌就是一个学习特别不好的学生，整天捣乱、淘气，欺负同学，属于经常被老师点名批评、请家长的孩子。很多同学都不愿意和他同桌，只有我女儿不嫌弃。因为这个孩子有一个我女儿喜欢的优点，就是说话特别幽默。她经常回家和我说，这个孩子今天说了一个什么事情，她听了也觉得好笑。每次老师批评这个孩子，女儿回家就和我说觉得他特别可怜，整天被老师批评、请家长，他的家长回家就打他。我就对她说："既然你觉得他整天被老师批评可怜，你完全可以帮助他补习功课呀。他学习不好，有可能是没有听懂老师讲的。因为你也是学生，说不定你用你的语言和理解给他讲解，他就懂了呢。这样你也可以检验你自己是否真的学懂了老师教的知识，只有真正理解了的人才能把一个似乎很难的东西用很简单的语言讲清楚。如果你给他讲不明白，说明你可能自己都没有真正理解。不信你试试。"

她觉得我说得有道理，就每天下午放学，其他同学都出去玩儿的时候，主动留下来给同桌补课。慢慢地她发现我说的是对的。当她给同桌讲不明白的时候，她就回来问我，她讲得是否正确，我会发现其实她自己都没有真正理解。我就会给她讲到她自己真正理解为止，第二天她再去给同桌讲。慢慢地她同桌的考试成绩上来了。开家长会的时候，老师特别表扬了我女儿经常主动给同桌补课的行为，还强调了这个不是老师要求的。那个差生的家长为此特地留下来对我表示感谢。我女儿因此还被同学评为三好生。这件事情对她是一个非常大的激励。

我女儿属于学习成绩一直很好的学生，她后来到了加拿大依然用这样的方式帮助了很多学习不好的同学，这使她在学生团体竞选的时候得到了很多选票，顺利地成为学生领袖。她这种从小培养起来的思维方式一直延续到现在的工作中。

对于很多学习成绩不好的学生来说，又想要拥有朋友，又不想被孤立，怎么办？如果成绩不好的学生想要和学习好的学生抱团，这些人就必须拥有学习好的学生身上没有，但是他们渴望拥有的某些好的品质。

比如非常会做人，有包容性，有某种特殊的才能和爱好，等等，可以与对方交换或者产生共鸣。不管是孩子还是成人，大家能够做朋友的本质都是某种利益交换。不要以为孩子小就没有利益动机，只不过孩子的利益动机和成人的不同而已。

小学或者中学，学习好的孩子在一起可以讨论一道难题怎么做，每个人都会贡献自己的想法。而学习不好的孩子参与进来除了等着别人给他讲怎么回事，或者直接抄别人的答案，没有任何参与感，自然就会被当成一个透明人。他自己慢慢地也会退出这个圈子。

我女儿就是传说中的那种人人崇拜的学霸。从初中到大学都是很多学生最想成为朋友的人物。她也有几个学习不好的朋友，但是不多，这几个朋友都有她所羡慕和敬佩的才能和特长。

比如大学期间的一个室友，虽然学习不如她，但是这个女孩子特别会做人，甚至成了我女儿的心理咨询师。我女儿总和她开玩笑说："你是不是我妈安排在我生活周围的？你说话的思路和处理问题的态度太像我妈了。"因此，我女儿特别喜欢帮这个女孩子学习，给她耐心讲解从来不嫌烦。

我女儿还有几个学习不好的异性朋友，他们属于学校中很受欢迎的 party boy。他们经常会带我女儿去一些非常高端的派对，我女儿可以借此认识很多各大学校学生会的领导，学生社会组织的组织者之类的人。认识他们，让我女儿可以很容易地参与到一些社会活动组织中。比如她进入了麦吉尔大学的学生会。该学生会的录取比例是 1:5，也就是说，5 个人参加面试只录取 1 个人。一般人连如何参加竞选都不知道。而我女儿正是因为在某个聚会上认识了他们学校工学院的学生会主席，向他了解了如何参加学生组织，如何才能进入学生会，了解了筛选途径，做了充分的准备才去申请的。这样的聚会就是一个学习不好，但是总是得到我女儿帮助的同学带她去的。

这就是利益交换！每个人选择朋友也是要有利益交换的，否则没有人浪费自己的时间来和你做朋友。**当你想和比自己优秀的人做朋友的时候，就必须要知道，自己拥有什么可以与对方交换或者分享。如果没有，那么对比你强的人，除了表示尊敬，没有其他的方法可以进入他的圈子或者让他对你平等相待。**

曾经还有一个女性朋友，她的女儿上幼儿园，因为小朋友都不和她玩儿，很苦恼，特地找我咨询。我告诉她，如果我的女儿在幼儿园遇到这样的问题，我在告诉她应该如何做，很多小朋友就会喜欢她的同时，还要告诉她，不是所有小朋友都必须喜欢她，一定有不喜欢她的小朋友，如同她也有不喜欢的小朋友一样。那么如果有小朋友不和她玩儿，她应该学会自己玩儿也很高兴的方法。比如去看自己喜欢的图书，去画画，去搭积木，去叠纸，等等。这些不需要和人合作的游戏也很好玩儿。

很多女孩子长大了只要没有人陪就感到孤独、寂寞，所以出现早恋、粘人、怕一个人生活等现象。这是从小父母忽视了教育孩子自我创造快乐造成的。**教育孩子是要双向进行的：一方面要教育孩子学会与人相处，培养孩子拥有令人喜欢的素质；另一方面更要教育孩子学会享受独处。**毕竟人不可能

24 小时都与别人一起生活。一个人一天至少有 8 小时是要与自己相处的。哪怕结婚了，也要有享受自己空间的时间。

如果父母总是教育孩子要和别人相处，而忽视让孩子学会自己创造快乐、学会独处，那么孩子就会理解成，只要和别人在一起就有快乐，离开别人自己就无聊乏味了。因此慢慢地，随着他长大，他就会产生害怕寂寞、害怕孤独的心理。因为他的内心世界中从来不知道如何与自己快乐地相处，造成他离开别人后就不能感受到快乐，这其实是心智不健全的表现。

我教育女儿的经验就是，从小培养她对自己一个人玩儿的东西的兴趣。

比如弹琴，我从来不在旁边陪着，就是让她自己体会无人喝彩自己也能享受的状态。比如她看书的时候，我就会告诉她："你可以给自己弄杯咖啡，放几块小点心，然后坐在空调屋子中的阳光下，专心地学习你想学习的知识，这是多美好的感觉呀。"这样她就接受了这是一件很美好的事情的暗示。慢慢地，她就会很喜欢在这样的条件下读书，自己享受安静读书的乐趣。

孩子小时候都是喜欢大人陪着的。因此大人一定要在这个时期教育孩子，学习自己一个人享受安静玩儿的状态。告诉孩子每天要有和小朋友、和爸爸妈妈玩儿的时间，也要有自己和自己玩儿的时间。慢慢地孩子就会养成一种良好的生活习惯，这样孩子长大后面对一些人际交往问题时，也可以用这种心态处理。

06

儿童期家长自我培养的重点

这个年龄段孩子的家长，最需要注意的是自己情绪的控制和管理。因为这个年龄段的孩子思维和身体都在发育阶段，如果家长表现的是不耐烦甚至是粗暴态度的，观点固执偏激，会影响孩子的思维发育和心理发育，严重的会影响孩子的自信心、判断力，甚至让孩子产生逆反、厌学、抑郁、焦虑等心理问题和不良情绪。

这个阶段，家长必须要有意识地学习如何做一个合格的家长，给孩子树立一个可以学习模仿的好榜样，这样对孩子的成长才有帮助。把教育孩子的责任推给学校老师，这是不负责任的表现。

关于孩子进入学习阶段后，家长会遇到的一些问题，应该如何处理，我遇到同样的问题时如何想如何做，以及其他妈妈遇到的问题，我是如何解答的，都放在这里供大家参考。

（1）如何配合老师教育孩子

很多孩子刚上学的年轻妈妈经常问我，如何面对配合老师教育孩子的问题。特别是最近几年，很多学校的老师都和家长建立了微信联系，经常会在微信群里发一些需要家长配合和参与的有关孩子的学习任务。这造成了很多家长吐槽，说老师正在把自己应该做的事情转嫁给家长。比如让家长检查孩子的作业等这些本应该由老师承担的工作。这显然是不对的。但是还有一些比如让家长和孩子一起去搜索一个话题然后做成ppt这样的事情，家长也会觉得是老师过分。我不能认同。我觉得这是给家长提供了一个和孩子一起学习成长的机会，让孩子和自己一起完成一个任务，通过和孩子讨论如何做好这件事，让孩子学习如何思考、如何执行。在家长和孩子一起完成这个事情的过程中，孩子会和家长产生共同的语言和共同的利益关系，让孩子和家长的关系更密切。这才是真正的有效陪伴。

很多时候家长也不知道如何做一个漂亮的ppt，正好可以利用这个机会，和孩子一起上网去查如何做ppt，和孩子一起讨论里面应该写什么内容，等等。让孩子自己做，家长在一边指导，这样孩子会觉得学习很好玩儿、很有趣。这是老师提供的一个家长与孩子建立朋友关系的机会，做家长的要好好利用。

不是因为我们生育了孩子，我们就什么都懂。其实我们不懂如何做家长，我们也需要利用各种机会，学习如何做一个合格的家长。而我们要学的第一件事情，就是如何与老师配合，教育好自己的孩子，让孩子拥有热爱学习的内驱力，并成为老师喜欢、同学喜欢的优秀学生。

对于作为家长如何与老师配合来教育自己的孩子这个问题，我有很多的经验和感触。这里说一件很有代表性的事情吧。孩子学习乐器的家长都知道，能够让孩子坚持把一种乐器学到能够达到最高考级水平是件多么不容易的事情，很多孩子和家长都因为各种原因在中途放弃了。我女儿的老师当时教了80多个孩子，但是最终能够通过钢琴演奏级考试的孩子不超过5个，我女儿就是其中的一个。在我女儿16岁那年，她通过了钢琴演奏级考试。收到通知的那天，我高兴地在快乐贫协论坛上写了一篇文章，和论坛里的朋友们分享了我的教育成果，同时也讲述了带着孩子学琴的这 10 年，我作为妈妈的感悟和体会。我把这篇文章分享在这里，供大家参考。

今天我接到女儿钢琴老师的电话，老师兴奋地告诉我，我女儿两周前参加的加拿大皇家音乐学院钢琴演奏级考试通过了！这对我和女儿来说具有划时代的意义。这是加拿大钢琴考级的最后一级，这证明我女儿用了 10 年的时间，完整地学会了一门技能，并取得了优异的成绩。她的钢琴课程全部学习完成了，她已经不用再跟着老师继续学习，剩下的就是她的爱好和自己练习了，她可以去练习自己喜欢的曲目并拥有演奏的水平。作为一个从女儿 6 岁开始就带着她学钢琴的母亲，我真是又激动又感慨。家里有孩子学乐器并学下来的母亲可能能够体会我的感受，让一个乐理都不懂，一个音符都不认识的孩子，成为一个可以参加专业演出的钢琴演员，这中间的辛苦，不论是孩子还是大人都非常不容易。

在加拿大只要孩子能够拿到钢琴专业演奏级证书，就拥有了可以教授钢琴的资格。对于我女儿来说，她就多了一个自己养活自己的本领。这对她来说意义更加重大，所以她自己也非常高兴。这也是她获得很多朋友羡慕和崇拜的资本。在加拿大，不管家庭贫穷还是富有，凡是能够挣钱养活自己的孩子，都是被同学崇拜的对象。这样的孩子拥有更多的友谊和快乐。

到了今天，我想我终于有资格对家里有孩子学习乐器的家长说一两句我的体会和经验了。

首先，做家长的要明白一个道理，我们让孩子学习一样本领，不能出于功利目的，更不是要与他人攀比，我们的目的是让孩子从小培养学习什么就要坚持到底的毅力。在这个学习过程中，他一定会经历烦躁、痛苦、劳累、紧张、批评、表扬、成功等各种体验。这其实就是一个浓缩的人生。让孩子在学习技能的同时，提高自己的生存能力，比如忍耐力、毅力、自控力、情绪管理能力、时间管理能力等。这些比灌输孩子和别人比，或者成为名家对孩子的未来有更多意义。

其次，如果让孩子学习乐器，要先确定孩子是否有这方面的天赋。唱歌跑调的孩子可能没有音乐天赋，这样的孩子大人怎么逼都无法学习成功。还有就是节奏感差的孩子或者干脆没有节奏感，这样的孩子学习乐器会非常吃力，最后就会因为总是弹不好而对音乐厌烦，不得不放弃。这样的孩子学习乐器，大人受累，孩子受罪，还很容易挫伤孩子的学习热情和自信心。因此如果大人发现自己的孩子有这些先天性缺陷的时候，就不要硬逼着孩子学习乐器。可以培养孩子其他的爱好，比如下棋、滑冰、武术等体育项目，这些特长也是需要长年累月坚持不懈地练习的，同时还能强身健体，也可以培养孩子的毅力。没有必要逼孩子用自己的弱项去和他人的强项较劲。

最后，我认为如果孩子从小开始学习什么，大人一定要做好耐心陪到底的准备。比如我从孩子开始学钢琴那天起，就决定了必须要带着她一直学完所有的科目。让她懂得什么叫有始有终，让她体会学习过程对她的人生多么重要。

我研究过很多孩子学乐器时家长和孩子互动方式的成败案例，最终我选择了一种外松内紧的方式。我从来不在她练琴的时候，站在她旁边，督促她好好练，或者指出她的错误。即使我能够听出来，我也不会说。相反我会离她很远，但是也能够听到她的琴声。比如我家是两层楼，只要她开始练琴，我就上楼做自己的事情。

开始她也会找我，似乎我不在她身边，她就不弹。我就告诉她："你练习弹琴不是为了我，是因为你自己想要学会弹出好听的音乐，不是吗？因此你要学会自己去完成自己的作业，努力坚持实现自己的梦想。你不好好练，我也不会说你，因为我不懂，但是老师都是专业的，你不好好练，老师一听就能听出来，老师对你不会客气的。"孩子都怕老师，我就用老师在孩子心中的威严来教育她。同时我事先就和老师沟通好，只要她回琴不好，老师可以严厉地批评，不用考虑给我面子。只有老师严厉，孩子才能听话。但是我又怕老师过于严厉，会挫伤孩子的自尊心，从而对练琴产生抵触。所以我决定和老师谈谈，我们必须结成联盟。

家长和老师的密切配合很重要。老师扮演红脸，我就扮演白脸。女儿小时候，只要她平时不好好练，在下一次回琴的时候，我会趁女儿去上厕所和老师偷偷地说："老师，她这周没有好好练习，你要好好地批评她。"老师就会按照我们的约定，对她说："你是不是这周没有好好练？你看看，我上次说你的错误，今天还出现。你别以为我每天看不到你，就不知道你的练习情况，你每次回琴都会表现出来……"

她经常被说哭，每次她被说哭，在回家的路上我就会这样安慰她："你看，老师批评你，你心里不好受吧？但是你觉得老师说得对不对？其实就是你没有好好练，你每次练琴我都给你算着呢，你应该练半小时，可是你吃东西、喝水、上厕所的时间加起来就快15分钟了，也就是说你每天才练15分钟。老师是干什么的？那都是钢琴家，他们也都是从小努力刻苦练出来的，所以他们一听就知道你是不是好好练了。你可以糊弄你自己、糊弄我，但是你无法糊弄老师，对不对？所以如果你下次不想再挨批评，没有什么好办法，就是必须认真练习，不让老师找出毛病说你。其实做到这个并不难，只要认真去练习，就能做好。不信，咱们这周好好练一次试试？"

我一般说完，在下一周她每次练习之前，就会提醒她好好练。只要她认真练了，我下一次见到老师还是先和老师打招呼，告诉老师："她这周表现不错，真的认真练习了，这次可以表扬她一下。我一会儿进去会当着她的面和你汇报她上周的表现。"然后在她进入琴房的时候，老师会问："你上周好好练习了没有？"

我就会马上当着她的面对老师说："她因为上周挨了批评所以这周很努力练习了。老师您听听。"老师就会按照我们事先说好的表扬她："这周的表现不错，你很聪明只要认真就会弹得很好。"这样让她知道只要表现得好，我就会把她努力的情况反映给老师；让她感觉学习乐器就是这样，只要用心练习，老师说的毛病就能改，就会得到老师表扬。一旦老师表扬她，我出门就会对她说："你看，今天老师表扬你了吧？你高兴吗？这就说明，只要你用心努力，你就会得到快乐。对不对？所以以后你就继续努力练习，这样老师也就不会批评你不认真，她顶多就是纠正你的一些错误，这样你也就提高了。妈妈听到老师表扬你，也会高兴。这样多好呀。是不是？"

孩子就是这样在批评、鼓励、批评、鼓励的循环中学会如何对待批评，如何感受鼓励，如何自我激励的。家长既不能与老师对着干，也不能因为老师的话指责孩子，添油加醋地数落孩子，这样孩子就没有了学习的兴趣。很多家长看到老师批评孩子，就认为老师不喜欢孩子，要给老师送礼，目的是让老师少批评孩子，这样的心态对孩子的学习态度没有一丝好处。教孩子学习的老师，都希望自己的学生能考上清华、北大，能成为马云这样的成功人士，所以他们才会不由自主地严格要求孩子。只有他的学生有出息，他才会有更好的声誉，得到领导的重视，拥有更好的工作机会，才能挣到更多的钱，老师的责任也是利益驱动的。老师严格要求孩子，是一个双赢的过程。

老师同样批评我女儿，有时候气头上的话确实让人难以接受。但是我可以很客观地看待这个问题，我觉得她那样说是对的，虽然女儿听了难以接受，但正是因为她不能接受，她才要避免以后再听到这样的话，她才会努力。每次老师说了她不能接受的话，我都会把老师的话背后的意思解释给她听，让她体会什么叫良药苦口。

我说："其实老师完全可以不生气，也不说你。你就是弹棉花的水平对她的收入都没影响。她之所以生气，说明她对你是认真的，是你没有达到她对你的期望。她不是期望你多给她钱，她是期望你能够达到一个她认为你本可以达到的水平。而你的不努力让她感到失望。说明这个老师对你是负责的。你觉得对不对？"

我女儿从 6 岁学钢琴开始到现在就跟过两个老师。在中国的老师是中央音乐学院钢琴系的研究生，一个非常认真负责的女孩子。我女儿是从 6 岁一个音不会弹到她10岁在国内考到钢琴6级出国的。到加拿大的时候，我带她到一个中国人办的钢琴学校，找到了一个曾经是上海音乐学院教钢琴的中年女老师。从那个时候开始我们就一直跟着这个老师。这两个老师都是标准的中国老师，对孩子要求非常严格。我从来没有因为她们对孩子要求过于严格而打算换老师。相反我很欣赏她们认真负责的态度。我女儿今天能够轻松通过钢琴演奏级考试，正是老师严格要求的结果。严师出高徒这句话是有道理的。

很多孩子学习乐器坚持不下来和家长自己没有明确的目的，自己没有毅力有关。孩子就是家长的镜子。很多家长总是觉得带孩子学乐器很烦，浪费自己的时间和精力，当孩子想要放弃的时候，家长很容易同意。他们从来没有把和孩子一起学习作为提高自己音乐修养的机会。逼孩子学习乐器，但是自己从来不坐在孩子后面和孩子一起上课记笔记，而是坐在外面扎堆聊天，他们的孩子很难坚持学习下来。他们自己都不懂为什么要让孩子学习乐器，孩子的学习难点在哪里，如何帮助孩子克服这些困难。

学习钢琴的过程，也是在教育孩子如何学会理解别人、如何学会站在不同角度看待问题的过程。可是很多家长都忽视了这个问题，把学乐器当成了让孩子有个兴趣，或者认为让孩子学乐器就可以提高修养。

以上是我当年写的带孩子学习钢琴的体会，同样的思维方式也贯穿教育孩子学习的全过程。作为家长，一定要动脑子想办法和老师做好配合，达到教育好自己孩子的目的。比如，我就是利用了孩子对老师权威的惧怕，和老师默契配合，达到教育孩子的目的。通过多次与孩子老师的交流和沟通，我发现老师其实很愿意和家长配合，让自己的学生更优秀。

（2）关于家长和老师相互沟通理解的问题

我曾经收到一个年轻妈妈在论坛给我发送的信息，关于老师对她孩子的评价，她心里很不舒服的问题。其他家长可能也会面对类似的问题，所以我把这个妈妈的问题写在这里。

问题如下：

狐狸姐，想请教您一个问题。我的孩子因为从小比较调皮，现在上小学1年级依然坐不住，容易犯些小错误。他的自制力不太好，上课40分钟只能坐得住30分钟，最后10分钟就开始开小差，做小动作了。学校和我们家长的联系方式是通过手机短信，我每天总会收到十多条短信，内容主要是班主任老师反映他的一些小错误。这样既让我工作受到影响，也让我觉得老师有点小题大做了。所以我跟老师提出希望以后少发这样的短信，这样的短信让人感觉老师喜欢打小报告。我这样提了以后，老师似乎生气了，就盯上我儿子了，别人犯同样的错误无所谓，我儿子稍微一点不对就批评。比如昨天，我儿子用塑料尺刮了几下课桌边角，她就说我儿子破坏公物，其实根本没有损伤。其他孩子的桌子破得很严重，她也没说。在这样的情况下，姐姐您说我该怎么处理？如果这个老师一直这样对待我的孩子，对孩子的成长将是十分不利的。我本想给孩子换个班，可孩子说不想换。请给我个建议，谢谢！

这是我当时给这个妈妈的回复：

你孩子的这种情况，我以前听很多朋友都说过。比如孩子上课不能集中精力，爱搞小动作，淘气捣乱，等等。因为这些总是挨老师批评，家长也很头疼。我不是儿童教育学家，我只能就我自己的经验谈谈我的看法。

首先，不要小看这些问题。我不知道你的孩子在2岁以前智力、行动发育是否完全符合正常发育状态。但是我从自己孩子发育过程中，注意观察到了一个情况。很多家长跟我抱怨孩子的问题，其实并不能怪孩子，这是一种在儿童发育阶段，由于发育过程不协调，造成的心理和行动发育不统一现象。

医学心理学上管这种现象叫"感觉统合失调综合征"，简称"感统"，是儿童常见现象。这不是一种正常状态。可是因为很多孩子都有，所以并没有引起家长足够的重视，总是以为这是儿童发育阶段的淘气、调皮、注意力不集中等，是正常的。

我女儿小时候就有感统。在孩子行动发育过程中，不会爬直接就走的孩子容易有感统现象。我女儿1岁之前，不管我怎么鼓励她，怎么教她，她就是不会爬，结果到了1岁直接站起来就走路了。我这个时候就意识到，她以后很有可能会出现感统现象。为此我看了很多关于这个方面的书，看如何训练，如何培养，等等。到了她上幼儿园，就开始有表现了。老师反映，她根本坐不住，别的小朋友都可以安静地坐下来听老师讲故事，她只能坐10分钟，然后就要站起来在教室后面自己走来走去地玩儿。中午睡觉，入睡困难，而且注意力很不集中，不是动这个，就是玩儿那个。可是如果问她，老师讲的什么故事，她也都能复述出来，但是缺少细节。这样的孩子以后就会有粗心的毛病。我因此很重视，咨询过有名的儿童心理专家，询问过有类似经历的家长。最后我发现最有效的纠正和训练孩子的方法之一就是让孩子弹钢琴，可以训练孩子眼、手、脚和大脑的统一协调，弹钢琴时必须注意力集中，否则根本就弹不出调。

我女儿从小学1年级开始学钢琴，那个时候她6岁，上学还是不能专心听讲，注意力不集中，甚至在快下课的时候，老师留的作业她都没听见，学习成绩在班里中游偏下，写的作业错误很多。我知道这都不是她故意的，她自己心里也很着急。所以我从来不批评她不认真，我知道对这样的孩子不能急躁。我就告诉她不要慌，看清楚了再写。写作业不怕慢，但是要写对。她写作业的时候，家里不开电视，给她创造一个安静的学习环境，就是训练她要学会集中注意力。我带着她玩拼图、穿珠子，做各种提高注意力和协调能力的训练，孩子稍微有一点进步就鼓励她。慢慢地到了2年级，她的这些毛病得到了明显好转。学习成绩也上去了，4年级开始已经是全班前3名了。

就我个人的经验，也许你的孩子也有"感统"或者轻微的"多动症"，而并不是你们认为的淘气、调皮这么简单。不要总是教训孩子，要考虑一下孩子为什么会这样，什么原因。建议你先在网上查一下关于感统的知识，看看孩子是否有轻微的感统。如果有，就要马上训练。否则也会影响以后的学习，造成拖拉、思想不集中、粗心大意等毛病。

当然对孩子的教育也不能少，告诉孩子作为一个学生，什么是应该做的，什么是不应该做的。其实哪个孩子不希望得到老师的表扬？他不是不想集中注意力，而是他不知道应该怎么做。家长对孩子起的作用是教育，不是教训。

其次，对于老师发短信的问题，如果我遇到，我不会认为老师是小题大做，相反我会非常重视这个问题。我会认为这个老师是个很负责任的老师，她希望我们家长和他配合把孩子教育好。

最后，就我个人理解，我也想说说对这个老师的看法，这个老师可能缺少儿童心理学知识。她有很强的责任心，但是能力有限，因此他处理问题的方式简单而武断。这个从他批评孩子就可以看出。

什么叫破坏公物？一个六七岁的孩子懂得什么叫公物？破坏是一种有个人目的的毁坏行为。可是一个这么小的孩子，有什么个人目的呢？其实那不过是一个小孩子无意识的行为，如同孩子喜欢在白墙上涂鸦一样，用不着上纲上线。

因此用一个大人的心理标准去评价一个孩子是不合适的。老师的责任应该和家长一样，是教育孩子，而不是教训孩子。教训孩子很简单，而教育孩子是门学问。我们也应该知道，即使是老师，也不一定就懂如何教育孩子，如同不是所有的家长都是会教育孩子的合格家长一样。

综上所述，如果我的孩子遇到这样的情况，我会毫不犹豫地去找校长和这个老师，一起坐下来好好谈谈。

首先，我要肯定这个老师和家长保持联系的做法，我很欣赏也很感动，说明他对我的孩子很重视，我认为这是一个老师负责的表现，值得表扬。

其次，我会和他们谈谈关于我孩子感统的问题，希望得到老师的理解，不要歧视或者对这样的孩子有偏见，希望老师能够和我们家长配合纠正、培训孩子的自控能力。同时还要培养孩子的自信心，让他知道他也能够做好。用批评、打击、讽刺、挖苦的方式，对帮助孩子、培养孩子没有任何好处。我理解老师着急的苦心，这种心情和家长一致，都是希望孩子长大成才。

因此我唯一的希望就是老师不要从心理上放弃这样的孩子，面对孩子一点儿进步都请给予鼓励。而对于孩子的问题，不要用成人的眼光去评价一个正在接受教育的小孩子。这不是正确的教育思路。我会把我前面说的道理告诉他们，然后问他们觉得我说得是否有道理？

我觉得你孩子的问题不是换班的问题，换班了，他的问题也不会自动消失。也许换班了，只不过是新老师不管他了。一个忽视他，视他为不存在的老师就是好老师吗？我宁可选择一个每天批评他的老师，也不愿意选择一个视他为透明人的老师。孩子都渴望被重视，所以才有孩子选择用调皮捣乱的方式引起老师的注意。

说到发短信影响你的工作，我想更多的是影响你的情绪吧？其实没有必要，你可以不用回，但是你要知道自己孩子平时的表现，然后可以和老师约个时间面谈。其实如果你知道了孩子问题的本质，也就不会心烦了。

比如，我孩子有感统，所以当老师对我说她上课不注意听讲，爱搞小动作，不能很好地完成课堂作业，体育不好的时候，我一点儿都不心烦。我耐心地给老师讲，我的孩子为什么会这样，我正在努力做什么，希望老师如何配合，我们需要时间等待，希望老师能够理解她，等等。我说完了，老师觉得我说的有道理，并表示理解和支持我。

到了3年级，看到我女儿的进步，老师也高兴，后来开家长会还对我说，她当时听我说完也找了一些关于感统的书看了看，她回忆了一下，她教过的每个班都有几个这样的孩子。她以前不懂，以为就是孩子不求上进，家长不管缺家教，她以后对待这样的孩子就有经验了，也知道如何提醒家长注意了。

一个有效的沟通利人利己。

（3）批评教育孩子的方法

这个年龄段的孩子进入幼儿园、上小学，家长就会开始关注老师对孩子的评价了。那么当接收到老师的信息是孩子表现不好的时候，家长就会很着急地希望孩子改正，比如孩子做了错事，或者孩子学习不好，等等。那么这个时候对家长要求最高的技能就是批评孩子的态度和方法了。

一般来说批评孩子有两个方法：一是粗暴地对孩子说教，说他这也不好，那也不对，也不告诉孩子到底怎样做才是对的，劈头盖脸地把孩子臭骂一顿，或者打一顿。这样的情况下，孩子不仅不会服气，反而会对大人的教育产生逆反心理；还有一种批评的方式，就是不直接批评孩子，而是告诉孩子正确的做法应该是什么，为什么要这样做，这样做的好处是什么。让孩子明白为什么自己那样做不对，知道以后该如何做。下次再有同类的情况，孩子就会有解决问题的方法了。

我教育孩子一般都是采用后面的方法。我很少对孩子说，你这样做是不对的，我会说，如果我是你，我会如此这般地这样做，然后问她，你觉得是不是我这样做的话会比你那样做更好？我不但给她讲我会如何做，还会说明为什么要这样做，我是如何想的。这样就减少了我和孩子之间的矛盾，达到了教育培养孩子的目的。孩子自己就会说："对呀。看来是我做得不太好。"

其实让孩子自己认识到错误，比大人直接批评效果要好。改变一定是从自我意识开始的。如果孩子自己不觉得错，而大人一味地要求孩子改正错误，孩子就会不明白，"我怎么错了？我怎么改？我凭什么改？"最后的结论就是"我不知道错在哪里所以我就不改"。

我很少批评我的孩子。我都是用启发式教育来让她自己认识到自己的错误。如果她做错了，我会问她，为什么要这样做？当时是怎么想的？当时想要做这件事情的时候，是否考虑过后果？结果很多时候，我发现孩子做错事并不是故意的，而是她缺乏社会经验和思考能力造成的判断错误。这个时候如果不问青红皂白就把孩子臭骂一顿，不但会失去一个教育孩子思考的机会，更大的问题就是会限制孩子的思维和想象能力。也许孩子的做法在当时判断是错的，因为受了社会发展的限制，而随着她长大，时代的变化，她的想法能够得到完善说不定就是创新。

　　如果孩子真的犯了错误，那就一定要惩罚，要让他认识到自己的错误。但是如何惩罚是个技巧，不一定打骂就是最好的惩罚方法。**我觉得对孩子最好的惩罚就是让他感受到，他的行为会失去大人的爱**。所有的孩子都是渴望大人的爱和关注的。打骂他，他会逆反。可是如果孤立他、忽视他，他就会恐慌了，因为人需要爱是本性。如果要教育他，也不要在当时的气头上，而是要在过后等他平静下来，耐心地和他讨论他的言行为什么错了，应该如何改正。其实父母态度和蔼、诚恳地说，孩子是能听进去的，他自己也会注意改。**对于喜欢顶嘴的孩子，告诉他顶嘴是一种勇敢，但是敢于承认错误也是一种勇敢**。只有懦弱的人才不敢面对自己的错误。作为父母，我们永远敬佩有勇敢气质的孩子。敢于和强者抗争是一种勇敢，敢于承认错误，能够承担责任也是一种勇敢。这点不论男孩子还是女孩子，都应该是家长需要培养的。

　　对待个性强的孩子一定要引导，而不是打压。他们的逆反心理很强，往往吃软不吃硬。而且对一些不太重要的事，不要对孩子要求太过完美。做父母的可以思考一下，我们自己是完美的人吗？如果我们自己都做不到完美，为什么要求比我们经验少，比我们年龄小的孩子做到完美？

　　很多时候孩子不认错往往和他的父母也不懂得认错有关。孩子的狡辩是跟家长学的。因为他觉得父母做错的时候，都是在各种狡辩，好像做父母的就是永远正确，错了也是对，从来没有向他认过错。所以他不过是模仿父母的言行而已。

教育孩子是需要智慧和耐心的。繁殖后代是动物的本能，而教育后代是人类的能力和责任。对孩子吼叫、打骂不是人类智慧和文明的象征。打骂孩子这种教育方式，我从小经历过，我恨透了这样的教育方式，因为它给我幼小的心灵造成了严重的伤害。我从要孩子那天起就发誓，我不会让我的孩子经历这种心理上的痛苦。所以我思考并回忆，当时我希望妈妈如何对待我，我就会接受她的教育而不是反感和反抗。我就用希望妈妈对待我的样子去对待我的女儿，结果发现效果非常好。

我的女儿从小没有挨过打，而且也没有逆反过。不是因为她听话，而是因为我理解她。我小时候经常挨打，所以我对孩子挨打以后的心理非常了解。我自己的体验就是挨打并不能使我听话，反而会增加我的逆反心理。我爸爸很少打我，我妈妈经常打我。即使我把同学打了，我爸爸只要认为是对方欺负我在先，他就不会像其他同学的父母一样，不问青红皂白地就把我打一顿，而我妈妈认为淘气的孩子就要打。

淘气的孩子经常挨打依然会淘气，可是家长从来没有想过为什么挨打还不管用。打孩子的家长很少体验孩子的心理。家长总是希望孩子听话，根本不会站在孩子的角度理解问题，家长的话站在孩子的角度看就真的对吗？对上课不听讲的孩子，很多家长听老师告状就打孩子，哪怕孩子说老师讲课无聊，根本学不到东西。

所以我不是很赞同打孩子这种教育方式，因为这是一种不但无效也显示家长无能的教育方式。想用打孩子达到教育目的的家长，他们本身就缺乏教育能力，因此打孩子也不能让孩子服气。

（4）面对孩子撒谎的问题

小孩子似乎都撒过谎，这个儿童心理学上有解释。有些并不是孩子故意撒谎，是孩子的幻想，而有些的确是孩子撒谎。家长除了会分辨哪些是孩子的谎言，哪些属于孩子的幻想，还要知道应该如何面对孩子撒谎的问题。

我女儿小时候也撒过谎，比如她不想去幼儿园，她就说她肚子疼。第一次我们以为是真的，就没有让她去。结果发现她一天都过得很快乐，没有任何不舒服的迹象。第二次，她又如法炮制，我就按照医生的方法给她检查了一下，发现她是在撒谎。我就给她讲了"狼来了"的故事。我问她，为什么不想去幼儿园？是不是哪个小朋友欺负她了，或者老师对她不好？她开始说不是。我就说："这样吧，我觉得你的肚子没有问题，我还是要把你送到幼儿园去，如果你肚子疼得厉害，老师会负责把你送到医院去看病，也会给我打电话的。"她一看说谎不管用了，就说是因为他们班一个小朋友总是抢她的玩具，她不高兴，所以不想去了。

幼儿园的老师特别喜欢她，我送孩子到幼儿园的时候，就把这个情况告诉了老师，让老师关注一下，老师也很配合。就这样她就再也没有撒过谎。即使这样，我也不会放松对她诚实方面的教育。比如，她回来说其他小朋友或者同学挨批评的事情，我就会马上抓住机会告诉她："不能因为怕挨批评就撒谎，如果怕挨批评，最好的方法就是自己要做好，而不是去撒谎。撒谎会让自己做得更坏，是一个坏孩子的行为，是一个人人都讨厌的行为。你愿意大家都喜欢你还是都讨厌你呢？"

面对孩子有意识的撒谎行为，大人一定要问清楚他真实的想法，同时告诉他，不要撒谎，只要他撒谎大人都听得出来，这是比他担心受到惩罚的后果更严重的事情。要给孩子树立一个好孩子的标准。所有的孩子都希望得到父母的喜爱。要利用孩子的这个心理。其实他撒谎也是怕父母因为他的过错而不喜欢他。父母要告诉孩子；如果孩子自己已经意识到做错了事情，并且以后不会再犯。只要敢于承认，做一个诚实的孩子，父母照样会喜欢他，而且会更爱他。因为知道他已经可以懂得改正错误了。告诉孩子，如果自己做错了事情，一定要告诉家长，说自己今天做错了什么事情，以后注意。

比如孩子撒谎说没有作业。家长首先要清楚，到底是孩子真的没有听清楚，还是真的忘了？也许孩子并没有撒谎。孩子不做作业，老师也会批评他，那么他不怕老师批评自己，不喜欢自己吗？这不符合孩子的心理。所以如果孩子没有做作业，老师批评了他，而且你也知道了。先不要说孩子撒谎了，可以从让孩子建立自尊开始，问孩子："老师当着全班小朋友的面批评你，你高兴吗？你希望老师喜欢你，还是讨厌你？要做一个让别人都喜欢的人，那就要遵守纪律和规定。老师留的作业你不做，这是对老师的不尊重，因此老师才会批评你，让你也体会一下不被人尊重的感觉。我相信你不是撒谎的孩子，可能你确实是忘了，但是我不希望看到这样的事情发生第二次。而且我希望我的孩子是一个值得我爱的诚实的好孩子。你听懂了吗？"

家长要时时刻刻表明态度，你就是喜欢诚实的、敢于承担错误的孩子。这样慢慢地你和孩子之间建立一种信任的关系，他就会知道诚实不会给自己带来什么不好，反而会使他得到你更多的支持和爱。

我女儿曾经因为上课没有听到老师留的作业，结果第二天被学校罚站，而且是在全校上操的时候。我女儿回家就把这件事情告诉了我，我们夫妻当时就表示绝对相信女儿说的话，认为学校这样做欠妥。因此我们去找了校长，说了这件事情，让女儿再次感到父母的信任和她的诚实给她带来的力量。

犯罪心理学上讲，小孩子特别是未成年人犯罪，年龄越小，犯罪羞耻感越低，甚至根本就没有耻辱感。他不觉得自己做得不对，反而会觉得自己干得高明，没有人发现，很自豪。他们只有在被发现的时候，才会有失败的感觉。这也是为什么孩子说谎的时候，大人及时指出来，可以纠正孩子自认为说谎很有效并继续说谎的心理。**让他们知道任何谎言都会被聪明人轻易识破，他们就会慢慢地因为怕失败、怕失去朋友、怕失去爱而放弃说谎。**

孩子还没有建立一个很强的是非观和道德感，他们还在成长中。道德感是一个人在成长过程中，通过很多的教训和教育形成的，比如受到周围人的嘲笑、鄙视，或者他们敬畏的人的批评，才会慢慢知道什么事情能做，什么事情不能做，做什么事情可以让自己喜欢的人喜欢，做什么事情可以让自己讨厌的人愤怒。这种心理反应不是天生的。

（5）父母要做孩子坚强的后盾

我女儿是一个生性胆小、内向的女孩子，但是她长得比同龄孩子高大，而且深受老师的喜欢，又因为喜欢帮助同学深受同学的喜欢，所以从来没有遇到过被同学欺负的事情。但是她遇到过这样一件事。

她上小学 4 年级的时候，坐在教室最后一排。一天下课铃声响了，老师先说了下课，然后后面的很多同学就站起来，从后门出去上厕所了。这个时候老师突然想起来还没有留作业，就赶快说了一下课后的作业，但是后排的几个同学都已经走了，我女儿也是其中的一个。他们坐在后排的 12 个学生都没有听到老师留的作业。可想而知，这些孩子都没有做这个作业。

第二天，老师发现居然有这么多学生没有写作业，非常气愤，也没有问原因，就把这件事情告诉了校长。结果在课间操的时候，校长就把这 12 个没有做作业的学生叫到操场前边的台子上当众罚站，当着全校学生的面批评了这 12 个孩子。我女儿也在其中。而且回到班里，老师还当众把她小队长的牌给摘了，说："你作为小队长带头不完成作业，你不配当这个小队长。"我女儿心里别提多委屈了，放学回家见到我们就放声大哭并说了情况。

我们夫妻俩认真地听了孩子对事件的叙述，并达成一致意见。在这个问题上我们都不觉得是孩子的错误，我们认为是老师的错误。第一，老师应该在下课前就把作业留清楚，细心的老师会写在黑板上。而这个老师留作业既不是在下课前，也没有写在黑板上，我们认为这个老师自己就对留作业这件事不够认真负责。第二，这个老师平时说话声音就小，学生们都知道。那么在走廊已经很混乱的情况下，坐在后面的学生听不到，能怪学生吗？第三，如果全班只有我女儿一个孩子没有完成作业，我会认为是自己的孩子注意力不集中，是孩子自己的问题，可是全班坐在后面的 12 个孩子都没有写作业，为什么要让孩子认为自己错了？孩子们到底错在了哪里？

所以，我们首先安慰了女儿，告诉她，她没有错，错的是校长和老师在不了解情况时便这样处罚他们。所以让她放心，爸妈一定去帮助她解决这个问题，争取让老师向她道歉，让她不用担心老师会因此不再喜欢她。其次，我和老公非常严肃地对待了这个问题，我们当时就决定宁可第二天不上班，也要去找他们的校长和班主任谈话。我们一晚上都在讨论如何与校长和老师进行这场谈话，用什么样的方式去谈，才能让校长和老师感到愧疚而不会因此不再喜欢我女儿。

第二天上午，我们夫妻俩请假没上班，7 点半就到女儿的学校，去找校长了。我们先做了自我介绍，是谁的家长，为什么今天没有去上班，而是请假来找校长，并让校长找到她的班主任，我们坐在一起当面把这个情况如实地说清楚。

我们心平气和把这件事情说了一遍，然后我非常明确地对校长说："我们都是知识分子，我们从来不溺爱孩子，孩子平时表现如何你可以去问她的班主任。我们今天来找领导，是因为觉得这件事情学校处理得过激了。这不是孩子的错，却让孩子受到莫名其妙的处罚和批评。这样不但会影响老师在孩子心目中的形象，也让我们家长担心孩子在学校是否能够得到正确的教育。

我从询问班主任开始了谈话。我当着校长的面问班主任：我们孩子平时在班里的情况是如何的？老师在此事发生之前对我的女儿的评价是什么？她以前有没有过不完成作业的情况？我们做家长的首先认为，孩子没有完成作业这个事实肯定是不对的。如果是孩子故意不完成作业，老师这样的惩罚，我们会支持。但是，我们的孩子在老师的心里是这样的孩子吗？老师自己也说，我们家孩子历来是班里学习最好的孩子，从来没有发生过不按时完成作业的情况。那么为什么这次会出现不完成作业的情况，而且这次不完成作业的孩子并不是一两个，而是 12 个，这个情况明显不正常。为什么老师连调查都没有做，就让他们在全校同学面前罚站？而且当着全班同学的面，免掉她努力得到的小队长这个职务。这个行为严重地伤害了一个积极要求上进的好学生的自尊心。我们相信校长和班主任应该懂得这种情况下学生的心理反应，受了这样大的委屈对孩子一生都是一个深刻的记忆，会让孩子对老师这个本应受到尊重的角色做出错误的判断。所以我们才觉得有必要来和校长，老师谈谈。我们觉得这是一场必须要解除的误会，因为这种误会让孩子产生老师不再喜欢她的恐慌，而这并不是她故意而为之的，她会因为害怕而产生自卑。我们觉得这样不符合老师本来是想要教育孩子的理念。所以我们希望老师能够当着孩子的面，给孩子恢复名誉，并承认是老师的误会。这样孩子会更加敬佩一个敢于承担责任的老师，也能学会如何承担自己的责任。

校长因为看到了我们对这件事情的重视，也听了我们对这件事情的客观描述，最后对我们进行了真诚的道歉。班主任也表示是自己工作疏忽才给孩子造成了委屈，并表达了歉意，答应立刻恢复孩子小队长的名誉。我们也对校长和老师表达了感谢和理解，并表示我们为了孩子的健康成长很愿意和学校保持密切的联系。只要老师做得对，是为了孩子好，我们一定会支持。

按理说这本来是一件很小的事情，可是因为我们做家长的重视，学校就会认为这是大事了，因此必然重视。因为这件事，孩子也对我们非常信任，知道只要不是她故意犯的错误，我们都会理解、支持她。不过有一点，就是我女儿一直都是学校公认的优秀学生，所以校长也理解我们家长的情绪。其实班主任也一直挺喜欢她。但是因为这件事情伤害了孩子的自尊，我们就必须站出来为孩子说话。

很多家长总是怕找校长、找老师会对孩子影响不好，或者认为这样会让校方对家长印象不好，从而对自己的孩子影响不好。对这个问题，我是这样想的，**如果我们做家长的，能够做到有理有据，说的话并不违背学校教育孩**

子的原则而且符合逻辑，对面也是有知识的老师，那么他们是不会听不懂和反感的。他们最反感的是无理取闹，对孩子娇惯的家长。

我女儿一直都知道，不论她是在我们身边，还是远离我们一个人在国外，我们都一直站在她的身后支持她。**作为妈妈，我唯一的作用就是成为她最忠实的粉丝，为她每一个进步摇旗助威，为她遇到的每一个问题出谋划策，为她获得的每一个成功自豪骄傲。**

（6）如何面对孩子提的要求

孩子会说话以后，就会使用语言来告诉父母自己的各种需求，并渴望父母能够满足。对于这个年龄段的孩子，父母要了解他的心理发育特点，并学会判断孩子什么样的需求是合理的，可以满足的，什么样的需求是不合理的，必须拒绝的。

我们经常在公众场合看到这样的情况。商场里，一个孩子看到自己喜欢的玩具就想要，家长不给买，他就会躺在地上要赖，又哭又闹，引来一大群人围观。这个时候推销员就会抓住机会，利用家长怕孩子哭闹的心理，说服家长给孩子购买他想要的玩具。也许家长非常清楚这个东西不该买，所以这样的情况往往弄得家长很尴尬。这与家庭教育密切相关。因为孩子小，家长也没有教育孩子学会区分家里和外面的不同，他们只知道面对的家长是一样的，在外面闹和在家里闹对他们来说没有区别。他们更不懂家长在乎的面子问题。

想要避免这种情况发生，最好的方法就是在自己家里也不能他要什么就给什么，在别人家里更不允许。这个时候不应该考虑孩子是否被冷落了，而应该告诉孩子什么是对、什么是错，什么是赏、什么是罚。他在家里闹完全可以忽视，甚至可以给他一定的惩罚。让他知道做错了会有惩罚，做对了会有奖励。**从小就让孩子知道奖惩，这也是对他以后在社会上懂得努力、懂得**

人情世故有帮助的教育。

孩子不合理的要求，一定要拒绝，而且是没有任何回旋余地的拒绝。不能因为看着孩子哭闹，就心疼妥协。妥协会给孩子造成大人说话不算数的印象，因此降低大人的威信。同时会让孩子从小养成利用大人的弱点去达到自己目的的习惯。孩子合理的要求要坚决支持，并想办法帮助孩子达到目的。这也是从小树立孩子正确的三观的基本教育，让孩子知道对错、美丑、好坏。

如果现在家长纵容孩子，满足了他，那么等他长大了进入社会，谁会在乎他的感受？老师、同学、老板、同事，哪个人会因为要满足他的需求而存在？他闹就会连饭碗都没有。那个时候他怎么办？所以现在就要让他知道，无理要求就是要被忽视甚至受到惩罚的，这就是现实。父母能够满足你，将来社会可不会满足你。不适应就会被淘汰。教育孩子学会适应才是父母的责任。**我特别不建议父母过度保护孩子，给孩子营造一个无毒无害、童话般的快乐世界，这样对孩子以后面对现实没有任何好处。**

拒绝孩子的要求时态度不能过分强硬，也不能直接表示不耐烦和愤怒。这样孩子会因为很难接受而哭闹。要用孩子的语言去和孩子沟通、交谈，让他理解为什么父母不满足他的要求。孩子也是需要父母在拒绝他的时候给一个说法的。

我女儿4岁的时候，每次我带她去逛商场，都会带她去玩具店。她喜欢看各种各样的芭比娃娃，那天她看上一个芭比娃娃，非常漂亮，我也很喜欢。她很想要，问我是否可以买给她。其实她有很多芭比娃娃了，但是家里的那些芭比娃娃要么脑袋或者胳膊让她给揪掉了，要么头发乱了，衣服弄坏了。所以我就耐心地告诉她，不是我不愿意给她买，而是她现在还不懂爱惜娃娃，等她长大了知道心疼娃娃、爱护娃娃的时候，我一定会给她买。现在她不懂爱护娃娃，娃娃都不愿意到家里和她玩儿，娃娃害怕自己脑袋掉、衣服破。我问她："如果有个小朋友把你衣服撕破，你会愿意让他来家里和你一起玩儿吗?"我女儿就似懂非懂地问我,她什么时候算长大。我答应她5岁的时候,如果她懂得爱惜娃娃了,我一定会给她买。

后来在她5岁生日的时候,我买了那个芭比娃娃给她作为礼物。同时我告诉她,大人说话一定算数,因为她大了一岁,我们希望她能够懂得爱护娃娃,所以才把娃娃买回来送给她,她要好好爱惜娃娃。如果她还是不懂爱惜娃娃,那么以后再也不会买了。

家长要遵守自己的承诺,说不给买,不管孩子怎么闹就一定不能给买,但是答应给买的就一定要兑现承诺。这样孩子慢慢就会明白承诺是什么。下次你要她承诺的时候,她也会如此对待,不会乱承诺。

面对孩子的要求,摆在大人面前的不是一个单纯的买或者不买的问题,还有教育孩子如何面对拒绝,什么是承诺,怎样遵守承诺等这些抽象概念的启蒙问题。

(7)处理孩子的不良情绪和嫉妒心

一个孩子是否有嫉妒心,在他四五岁时就可以发现了。家长一旦发现了就要抓紧教育,等到孩子上学后特别是12岁以后,再开始教育就晚了。我认为对孩子所有思维方式的教育从3岁上幼儿园时就要开始了。**对于嫉妒心的教育,我觉得不是教育孩子不应该有,而是让孩子明白,自己为什么会产生嫉妒心,如何对待自己的嫉妒心。**

我女儿偶尔也会有嫉妒心,嫉妒学习比自己好、比自己聪明的同学。我第一次发现以后,就对她这种心理特别重视,想办法找机会在她发出嫉妒评论的时候,纠正她的这种心理。在她9年级的时候,他们班有一个叫比利的男生。她曾经多次向我说起他们班有一个男生特别聪明,数学课上一边听讲,一边玩儿魔方,什么形状的魔方,他几分钟就都能对上。而且这个男生数学、物理、化学每次考试都是满分。不但如此,这个男生钢琴考级是10

级，小提琴考级也是 10 级。

她当时和我说起这个男生的时候，我也很佩服地说，这种人就是天才。她每次说起这个男生，都带有一种很自卑的心理问我："妈妈，是不是我怎么努力都无法追上他？我是不是很笨呢？"我当然鼓励她说："你是个很勤奋、很努力的孩子，你的天资不错。但是比利如果是天才的话，我们一般人是无法超越的。如同再努力的音乐家也很难超越莫扎特一样。但是我们可以把这些天才取得的成绩，当成我们努力的方向。这样至少我们的成绩可以接近天才所创造的成绩呀。"

她当时接受了我的建议。但是后来慢慢地，我发现她开始和我说比利这里不好、那里不好，一听就是想要用比利身上所谓的不好，来证明自己其实也不错。针对这样的言行，我告诉她，这是嫉妒的表现，其实她大可不必用这样的方式提高自己的自信。我为此很认真地和她谈了一次话。

我首先引导她分析自己为什么会产生嫉妒心，是不是看到了自己的差距，发现自己不如别人，又羡慕别人的时候才会有这样的心理。我对她说："你真的觉得自己比他差吗？如果你认为自己比他差，那么我们就来看看差在哪里。如果是遗传上的差异，我们无法改变，因此你羡慕嫉妒恨也没用，你只要承认并接受这个现实就可以了。同时看看我们是否可以用后天的努力来接近、达到人家的水平。我们更应该关注我们自己是否真的努力了。比如他天生聪明，学一遍不用复习就可以得 100 分，那么我们完全可以用多学几遍，用加倍做题和复习来得到 100 分。我们也应该为自己自豪。因为我们可以承认自己的先天不足，同时知道自己通过后天的努力也可以达到这个最高水平。中国有一个成语叫勤能补拙，说的就是先天不足，后天努力可以弥补的道理。"

其次，我告诉女儿："嫉妒心如果成为一种怨恨，就是自我毁灭的心态。因为这会让你失去努力赶超的理智，而沉醉在如何毁灭对方的思维方式中不能自拔。最后的结果就是对方越来越好，你越来越差。这是从思想到行为的变化。只有把嫉妒心转化成自己努力的动力，嫉妒心才会发挥积极的作用，才能使你走上提高的道路。嫉妒心其实是承认对方比自己优秀。既然你也承认对方优秀，为什么不用一种积极的方式表达出来？这样你也可以更好地，光明正大地看待、学习对方的优点，而不是阴暗地找对方的缺点，诋毁人家，来显示自己的优秀，这是可耻的行为。

当我女儿慢慢理解这些道理以后，她几乎没有什么嫉妒心了。而且一些学习成绩和她差不多的，有时候比她好、有时候不如她的都成了她的好朋友。后来我天天听到她在家表扬她的朋友，谁谁特别聪明，如何聪明。

在孩子的成长过程中，还有一种情况需要家长特别注意，那就是面对失败时，孩子会被沮丧的情绪所控制，沉浸在一种悲伤的情绪状态中无法自拔。如果这个时候家长不能马上解决孩子的困扰，孩子就会被失败打垮，失去再战的勇气。

我女儿14岁第一次参加多伦多华裔少年钢琴比赛的时候，得了第二名。她当时对自己的成绩很不满意，觉得自己的付出和收获不相符。得到比赛结果的那一天，她一直都闷闷不乐地沉浸在悲伤的情绪里面。我当天晚上带她去她最喜欢的餐厅吃饭，以示庆祝。

她当时情绪不高地说："我得了第二名有什么好庆祝的。"我对她说："你第一次参加比赛就得了第二名已经很不错了。很多孩子参加很多次比赛，都未必能够得到这么好的成绩。但是，他们依然继续参加比赛，你想过为什么吗？通过这次比赛你学到了什么？有什么体会？"我一边吃，一边和女儿聊她这次比赛的感受，让女儿想想通过这次比赛，自己是否有收获。当她说自己有收获以后，我马上就告诉她："这才是你参加比赛的意义。输赢不重要，重要的是自己是否通过参加这个活动有所收获。如果你赢了，但是你除了高兴没有什么收获，也没有意义。今天你虽然输了，但是你自己不仅学会了思考，也看到了差距，这才是参加这个比赛最大的收获。"

然后，我通过这件事情对孩子进行人生观的教育。告诉她以后人生中会经历很多这样的事情，很可能失败多于成功。要学会如何面对失败，学会从失败中吸取教训。失败是用来鼓励自己，为了以后减少更多的失败的。**一个人面对失败的时候，心里难过很正常，但是光难过不是聪明的孩子，还要学会尽快摆脱难过的情绪，冷静地总结失败的原因，发现自己的问题加以改正，只要不放弃努力，日积月累就会有最后成功的那一天。面对失败最不好的情绪，就是因为害怕下一次的失败而放弃努力。一个积极的人，会把失败当成一次经验积累，总结教训为下一次的成功而努力。**

（8）如何面对孩子的逆反情绪

4～12岁是孩子语言、思维快速发育的阶段，也是孩子慢慢建立思维方式的阶段，他们开始学习思考、学习提问、学习探索。他们的好奇心在这个阶段最强烈。如果这个阶段孩子的好奇心被压抑，那么孩子的想象力和创造力就会被极大地限制，将来也会面临职业发展前途受限的境况。

也正是因为这些，家长会发现，这个阶段的孩子特别喜欢提问，好动，做各种成人看起来异想天开的事情，开始"撒谎"，开始变得越来越不听话。这个年龄段，也是大人控制欲最强的阶段，限制孩子各种不符合大人规范的行为，批评甚至打骂孩子，不在乎孩子的心理需求，强行压制，从而造成孩子内心逆反情绪的产生。从此孩子对父母的言论、态度从心理到行为开始质疑和反抗。

我女儿在成长过程中，并没有产生过逆反情绪。我了解这个年龄段孩子心理的发育和发展过程，他们极度渴望了解社会，了解朋友，渴望有一个接受、认同他们的群体，渴望尝试一切对他们来说新鲜好玩的事物。作为父母当然不可能完全不管，但是可以用参与和理解的方式加以引导。让孩子觉得父母是理解他、支持他的，因此父母的建议他也会采纳。

我很少替孩子做决定，都是把决定权交给孩子。这样孩子才能懂得为自己的选择和决定负责，而不是以后出了事情去责怪别人。孩子不能自己做选择，就不能承担自己选择的责任。因为家长从来没有给过让他自己承担责任的机会。

曾经有一个妈妈来找我诉苦。她和老公想要给儿子过 12 岁的生日，正好是周末，想全家出去看个电影、吃个饭。但是儿子不想过这个生日，想要和同学出去玩儿。她觉得孩子不理解大人的心意，宁可出去和同学玩儿也不愿意和父母一起过生日。所以她很生气，觉得孩子不如以前听话，不如以前可爱了。她严厉地批评了儿子，并且明确表示不批准儿子生日那天出去和同学玩儿，必须在家和父母一起过生日。为此儿子和他们大吵一架，离家出走，去同学家住去了，怎么劝也不回家。她很伤心，来问我如何对待如此逆反的儿子。

坦率地说，我不认为这是孩子的逆反，是妈妈自己想要和孩子在一起，按照她的想法过孩子的生日。妈妈根本不是为了让孩子高兴，而是为了让她自己高兴。她根本不关注孩子的心理需求。如果是给孩子过生日，应该让孩子高兴不是吗？那么孩子觉得在生日那天和朋友一起玩儿才高兴，为什么不让孩子去？难道这不是父母打着给孩子过生日的幌子来满足自己的心理需求吗？

如果孩子产生逆反情绪，父母有不可推卸的责任。父母首先应该自检，而不是靠责怪孩子逆反来推卸自己不懂教育的责任。可以说，大部分家庭教育烦恼都是父母抱怨自己的孩子如何不听话，很少看到父母反思自己的教育方式是否出现了问题，很少有父母检讨自己的自私心理和控制欲。因此，这样的父母也必然会有一个逆反的孩子。

关于孩子过生日的问题，我觉得孩子没有错。他不过是想要过一个让自己高兴的生日，和朋友一起过，怎么不可以？我家孩子过生日，我都是问她，她对自己的生日有什么打算。不管她选择和朋友一起过，还是和我一起过，还是不过，我都听她的。有时候她说不想过生日，我真的就没有刻意给她过生日。在她生日那天，我对她说句"生日快乐，我爱你"，然后亲吻她，她也很高兴地说爱我。这个生日就这么过去了，我们照样很高兴。

现在很多家长攀比给孩子过生日，生怕被别人看不起，生怕孩子心里不舒服。其实，过生日正是家长教育孩子如何看待攀比，教育孩子明白什么样的人才会被看不起的好时机。告诉孩子，在老师、同学的眼里，学习好、热心帮助同学的孩子，比那些过豪华生日请一堆同学来，但是学习不好的孩子更容易受到老师和同学喜欢和尊敬。

没有必要让孩子从小就感受到大家对他生日的过度重视。人的存在感不是靠过生日来体现的，而是靠社会对他的肯定。孩子的生日对于父母来说，只是证明了孩子的成长，过不过，成长都不会停止。

我就是不给女儿过生日，她也知道我爱她。对于她来说，父母是否要庆祝她的生日不是最重要的，她可能和朋友在一起庆祝生日更高兴。而且有的父母，会在孩子生日那天说一些所谓的寄语，这些寄语也许都是孩子不爱听的，或者是让孩子感到有压力的话。我会把这样的话都放在平时的教育中。

大部分的父母都是用自己的想法去解读孩子，很少真正地去探寻过孩子的需求。不要以为这个年龄段的孩子什么都不懂，没有需求，只要用他们的方式去沟通，就会发现他们同样也有很多需求得不到满足。其实孩子对父母的很多"无理要求"已经很包容了，他们认为自己听话就是理解了父母，可是为什么父母总是不理解他们。

去试着和孩子沟通吧，不要总是发挥控制欲，不要那么自私地总是想要孩子满足自己的需求。真正爱孩子，就要懂得去关注他们的内心感受。想要孩子不逆反的前提是，要懂得在尊重孩子意愿的同时，加以正确的引导，而不是粗暴地制止和控制。要做到这些不需要什么技巧，只需要拥有耐心和爱心。学会给孩子制造快乐的生活氛围，开启孩子的内驱力，孩子自然会要求自己积极上进。

第四章

13~18岁青春期培养的
重点：把握叛逆期

13~18岁青春期

教育

反逆期

生理

心理

特点

人生观
价值观
世界观

三观建立

幸福

恋爱观

内容

逻辑思维   最佳   时期

面对问题   父母   控制欲

人际烦恼

父母   叛逆

关注   心理

01

13～18 岁青春期生长发育的特点

青春期是孩子由儿童向成年人过渡的时期。青春期和儿童期最主要的分界线在于性的成熟而带来的第二性征的出现。对于男孩子来说,性成熟的标志是遗精,对于女孩子来说就是月经的出现、乳房的发育等。这个阶段也是孩子的体重、身高快速增长的时期,除了注意营养搭配要合理,最主要的是注意加强身体锻炼。

随着身体上第二性征的出现,孩子的心理也会发生很明显的变化。比如性激素诱发动物本能的性吸引,造成对青春期欲望的憧憬。孩子开始喜欢看描述爱情或性的小说、电影和电视剧,喜欢玩儿能和异性产生交流的游戏,等等。对异性的好奇和向往而产生的初恋往往会发生在这个时期。一般来说,女孩子的性心理发育比男孩子早2～3年。

因为生理变化比较大,孩子的思维发育也很迅速。他们开始慢慢建立抽象思维和逻辑思维,能够充分应用思维过程进行分析、判断、推理等来解决问题和寻求答案。对于进入青春期的孩子来说,这是一个心理充满矛盾的阶段。他们在身体上逐步走向成熟,在心智上渴望了解异性,在行为上渴望摆脱父母的约束和监督。他们渴望独立，渴望被他人理解，但他们尚不具备承担责任的心理素质和经济条件，也未达到走向社会后可以独立生存的条件。细心的家长会发现，这个时期的孩子甚至会对异性同学做出一些很反常的举动。

有一个儿子上初一的妈妈说过这样一个烦恼：她儿子放学回家天天说很讨厌他同桌那个女同学，因为她总是借他东西，从铅笔、橡皮到课本、作业，而且只要他和其他女同学说话，她就和那些女同学说他坏话，让她们不要搭理他。弄得他被女同学孤立。他为此很苦恼，想要和老师说换座位。她把这个烦恼对一起工作的男同事说过，那个男同事告诉她："这是这个女孩子喜欢你儿子的表现。"他小时候也是用类似的表现对待他喜欢的女同学。结果也是造成人家女孩子讨厌他，把他告老师了。她来问我，那个男同事说的是否有道理。

其实这就是少男少女情窦初开的一种表现。女孩子小，还不懂如何与自己喜欢的男生交往，所以就会用她认为对的方式表达自己的小心思。比如靠不断地和她喜欢的男生借东西，来达到可以经常和男生交流、引起男生对她注意的目的。看到其他女生和自己喜欢的男生高兴地说话，就会产生嫉妒的心理，用让其他女生不理他的方法实现自己的占有欲，达到他只能看到我，只能和我交流的目的。而男生因为这种情感意识发育得比女孩子晚，所以他无法理解这个女孩子的行为，就会产生很厌烦和生气的情绪。

所以，我给这个妈妈的建议就是让她回家好好和自己的儿子谈谈。告诉他，这是这个女孩子喜欢他的表现。只不过他们都小，还不懂如何对自己喜欢的人表达，反而造成了反感。妈妈要对儿子这样说："女同学喜欢你，说明你好。如果你不喜欢她的言行，你可以直接告诉她，你不喜欢她总是借你东西的行为，也不喜欢她挑拨你和同学关系这样的言行。"也就是这个被喜欢的男孩子必须要告诉这个女孩子，他讨厌的行为是什么样的。那么这个女孩子为了做对方喜欢的事情，就会停止她目前的言行。这样，这个男孩子的困扰就会消失，也能通过这样的事情学会与女生相处的方法。

这个年龄段是孩子开始尝试与异性交往的阶段，如果粗暴地禁止或者恐吓更会激发孩子的好奇心和逆反心态，去做出与父母愿望相反的事情。所以正确的性教育、性观念是指导孩子正确地看待异性友谊、爱情和婚姻的基础，也是孩子以后走向社会，在工作中能够很好地与异性同事合作、正常交往的基础。不要动不动就给孩子扣上"早恋"的帽子，这样往往给孩子造成错误的爱情观。其实老师和家长都应该明白，这个年龄段的爱慕是没有性目的和物质目的的，是非常纯粹的动物本能。如果引导好了，可以促进孩子学会与异性正常交往的方法，让孩子拥有正确的与异性交往的心理。

在中国很多学校没有性教育课，甚至很多老师自己的性观念都是错误的。所以目前的性教育都是孩子自己从网络上、电视上、书本里面偷偷学的，或者是同学之间交流的，甚至是自己偷食禁果体验的。

所以我建议，对于这个年龄段的孩子，家长应该注意给孩子正确的性教育，这个教育包括，教育孩子对自己的行为负责并要承担后果，学会与异性的正常交往，学会爱和尊重爱。学校最好开设性教育课程，除了教授一些生理卫生等常识性的文化知识，更要教育学生懂得彼此的尊重，男女相处的礼节，异性交往的正常方法，与性犯罪相关的法律知识以及如何保护自己等社会生存知识。

02

13～18岁青春期的育儿重点：把握叛逆期

在我国，这个年龄段的孩子大多数处于初中、高中阶段。这也是家长和孩子产生竞争压力的两个重要节点：中考和高考。

医学心理学认为，孩子在儿童期依赖成人，成人约束并决定了儿童生活和活动的主要内容和方面；儿童对自己的行为不承担责任。随着年龄的增长，生活范围和活动内容逐渐复杂，他们逐渐有了一定的特定意向和责任感并自己决定某些活动如何进行。他们渴望独立，却还不具备足够的能力；他们渴望被他人理解，却又常常不愿意主动和父母交流沟通。

青春期的孩子自我意识增加，独立意识增强，造成他们很厌烦外界对他们思想的控制或者干预，特别是父母过分的照顾或者"打着爱的名义"的控制。他们希望父母把他们当成大人看待，需要父母的理解和尊重。遇到问题的时候，他们开始喜欢靠自己的思想来判断，不愿意接受父母的意见。特别是当他们看到某些社会现象与父母曾经的描述相反的时候，他们会对父母的建议产生怀疑甚至抵触。

他们强烈地希望表达自己的看法，希望得到支持让他们可以尝试一下自己的想法。他们处在一个渴望用自身直接经验来验证他人间接经验的阶段，甚至有时候他们会对传统的观点提出挑战。这让父母感觉到孩子开始变得不再像儿童期那么听话了。很多心理学家把孩子的这一阶段称为"青春叛逆期"。

有文献总结青少年的叛逆行为，呈现出一些共同的特点：

（1）年龄特点——14 岁左右是青少年出现叛逆行为的高峰年龄。

（2）性别特点——具有反叛性格的孩子当中，男生多于女生。

（3）教育特点——学习成绩差的学生要比学习成绩好的孩子更加反叛。

（4）诱因特点——主要表现在家长和孩子、老师和孩子之间的激烈对抗。

（5）行为特点——极度反叛的青少年大多不计较行为后果，做出某些十分极端的事情，比如长期在网吧，甚至可能离家出走、流浪乞讨、赌博、进行违法犯罪活动等。

从这个年龄段开始，青少年要为自己的行为，尤其是部分犯罪行为负一定的刑事责任。但青少年也不同于成人，他们虽有一定的独立性，但还没有完全独立；在许多方面，尤其是在物质生活方面还要依赖父母；他们还没有成为完全民事行为能力人，并不对自己的所有行为都要负刑事责任。（编者注：《中华人民共和国民法通则》规定，16 周岁以上不满 18 周岁的公民，以自己的劳动收入为主要来源的，也视为完全民事行为能力人。）法律规定18 岁之前限制民事行为能力的青少年，受父母监护。这样的孩子如有犯罪行为，父母是有连带责任的。

所以，对这个年龄段的孩子，父母和社会更要重视和加强教育。父母需要更多了解这个年龄段孩子的心理发育特点，理解他们的烦恼，用他们能够接受的方式和他们沟通；学会站在他们的角度思考他们面临的问题，用成人的经验和智慧，帮助他们学会如何分析问题和解决问题；在他们遇到挫折需要父母鼓励支持的时候，做父母的不要吝惜自己的语言和行动。

家里有这个年龄段的孩子的父母，也要珍惜这个和孩子一起成长的机会。不要再把他们当成小宝宝那样呵护备至，要开始培养他们独立生活、独立思考的品质和能力。让他们多参加社会活动，体会什么叫社会责任感。在这个阶段，父母很容易因为过分重视孩子的学习成绩和升学结果，而忽视孩子的心理教育和思想教育。

这个阶段的孩子心理很脆弱，承受压力的能力比较差。如果父母忽视了孩子心理素质的培养，可能会造成孩子出现各种心理精神疾病。很多新闻报道显示，因为中考和高考，很多孩子不同程度地出现抑郁症、焦虑症甚至精神分裂症等精神疾病的症状，严重地影响了孩子的正常学习生活。因此，一个和谐健康有爱的家庭环境，一对懂教育的父母，对培养一个心理健康、积极向上的孩子是非常必要的。

我女儿在这个年龄段几乎没有过特别明显的叛逆期，只有偶尔的叛逆行为出现。似乎这在很多心理学家的眼里属于"不正常"，但是在我教育孩子的体会中，这属于再正常不过的状态。

在女儿青春期的过程中，我一直尊重她的想法，听取她的意见。即使她的意见我能听出明显的错误，我也只是提出建议并告诉她，她可以不采纳我的建议，她可以完全按照她的想法去做。只不过我会希望她考虑一下，按照她的想法会出现什么样的后果，她是否可以承受。如果她想过，觉得自己可以承受，我会鼓励她去按照自己的想法去做。因为我知道，有一些试错的经历是她成长过程中不可避免的，她只有经历了才能学会反思和总结，才能成长。

所以，我不会去限制她试错。我能做的，就是当她试错失败以后，给她安慰和鼓励。**同时我还会帮助她回忆当初我给她的建议，并给她分析如果她按照我当初的建议做，也许可以避免她现在的伤心和失意，但是她也失去了一次可以反思自己的机会。所以，她选择按照自己的方法去试错，并学会承**

担后果，反思自己总结经验教训并再次鼓起奋斗的勇气，我反而更加佩服。

陪伴她的青春期一路走过来的我，给她的不是作为母亲的关怀、照顾，而是真正朋友般的理解、支持和鼓励。这也是我女儿真正把我当朋友，什么事情都会和我倾诉和分享的主要原因。只有让她从心里把我当真正的朋友，我对她的教育才能潜移默化地发生作用。

这个年龄段的孩子有一个特点，就是更喜欢听朋友的话。父母不再是他们模仿的对象，他们会选择与朋友相互模仿。当孩子进入青春期以后，不再是孩子模仿我们的言行，而是我们要开始学习模仿他们的思维方式了。只有真正地走入他们的心，才能做到真正地理解他们，才能找到方法去影响他们，教育他们。

我基本上都是理解女儿的想法并鼓励、支持她。她的所有行为基本上都是按照她的想法去实施的。**我所做的就是在她的想法的基础之上帮助她完善，提高她实现自己想法的成功率**。她怎么会叛逆呢？叛逆她自己的观点吗？因此，如果有人问她："你成长过程中，你妈妈是如何教育你的？"她一定会说："我妈妈没有教育我，我都是按照自己的想法去实现的。"

她意识不到，妈妈对她的教育并未缺位，只是和其他家长不同，妈妈对她的教育不是发挥控制欲让她必须按照妈妈的想法做事，而是潜移默化在妈妈与她的交谈、协助她按自己想做事的过程中。在这章里面，我主要分享女儿在青春期遇到的几个对我来说很有意义的事件和我当时的想法、做法。

03

当父母的控制欲遇到孩子的叛逆期

在女儿 15 岁那年，我遇到了很多家长可能都要面对的一个非常头疼的问题，就是孩子的叛逆行为。

起因是这样的。我女儿从上 10 年级第一学期开始就和她的朋友们疯狂迷上了摇滚乐。这种音乐之前是她这个从小学古典音乐的最不关注的。然而到了青春期，孩子有个共同的特点，就是特别注重同学之间的评价，希望自己能够融入好朋友的圈子中。他们认为这叫个性群体。

那个时候她天天回来跟我说，她要走非主流路线。我不懂她说的非主流的含义，就问她："你的非主流是什么含义？"她说，就是要走摇滚路线。为了避免我对摇滚有误解，她还跟我说，不是所有的摇滚都是颓废派，有很多摇滚也是积极向上的。其实我本人是喜欢音乐的，如果女儿不在家，我家电视就是经常固定在音乐台。所以，当她跟我讲的时候，我马上说："我知道，比如 My Chemical Romance 就是宣扬积极主张的一支摇滚乐队。"她一看我知道，马上说："看来你也知道呀，那你就知道我不是要做颓废派，但是我要摇滚。"我说："你有什么打算？"她说："我想要从外形开始改变，我要非主流。所以，我要买一些非主流的衣服。"

我也不懂她那个非主流是什么意思，只是好奇，觉得青春期孩子的思想挺有意思，想看看90后非主流到底是什么样子。一天，我和她一起到了一个购物中心。她带着我转遍了整个购物中心，挑选了一堆黑不溜秋，灰了吧唧的衣服和裤子，买了一堆化妆品。在这里要说明一下，加拿大的女孩子到了10岁以后，每个人都会有一大堆化妆品。这里的孩子化妆早，虽然我女儿平常不化妆，但是我有很多化妆品，她偶尔也用。据她说，她买的都是我没有的，也是给我做点补充。

第二天早上，她起得很早，一个人在洗手间关着门磨蹭半天。我也兴奋地期待她那"非主流"新造型。等她一出来，我吓了一大跳。她的头发用发胶弄成了个"自由奔放狂野"造型（俗称"鸡窝头"），眼圈、眼眶涂得黑黑的，嘴唇涂成了棕色；身穿黑色的高领内衣，灰色背景带有黑色骨骼图案的拉链衫，双手腕上带着黑色的布满金属钉的皮护腕，黑色的紧腿裤，黑色的高筒靴；两个手背上用黑笔画了两个大叉。那个样子确实很"非主流"。我惊恐地问："你要这个样子上学去？"她有点不好意思地说："嗯。"然后不等我评论，快速地上学去了。

她走后，我的心里开始不安了起来。我想：这可怎么好，一个青春靓丽的中学生形象不见了，成了这么一个恐怖的样子。这样不但同学会有看法，老师也会有看法。虽然他们学校也有这样打扮的女孩子，但是都是那些平时就不好好学习、吸烟、泡男朋友的。她这样会不会造成现在的朋友远离她？而"那样的"孩子会注意她？因为物以类聚呀。不行，我要制止她。可是如果我要对她说"不"，她就会觉得受到控制而用抵触、对抗的方式对待我，我就根本没有机会和她继续谈话，也不可能达到我的目的了，而且还会搞得两个人心里都不痛快。所以，我还不能马上反对，我要考虑清楚怎么和她谈，让她自己意识到这个问题的危险性。

下午她回来，我装作没事地问她："同学们对你这个新形象感觉如何？"

她得意地说：“大家都没有认出我来，都说我这个打扮很漂亮。”

我说：“那不会是大家恭维你吧？他们说的并不是真心话吧？比如，你英文不好，他们还假装对你说，你英文说得很好呢。对吧？”

她说：“有这个可能。”

我说：“你这个打扮确实挺另类的，这就是非主流？我觉得主流就是大家都去做的事情，非主流就是很少有人去做的事情，对吧？比如，大家都化妆，我不化妆；大家都不化妆，我化妆。”

她说：“你不懂，非主流不是这个意思，是摇滚，是酷。”

我笑了笑没说话。我想给她几天自由的时间。我也需要冷静地想一下如何教育她的问题。接下来几天，她都保持着这个风格去上学。我也没有说什么。

几天以后的一个晚上，我带她出去吃饭。在路上，我一边开车一边开始了我酝酿几天的谈话。

我问她：“你最近和表妹聊天了吗？她总不好好学习，你也说说她。”

她说：“我说她了，她不听。舅舅、舅妈也真是，根本不管她。”

我说：“你认为大人应该管孩子吗？”

她说：“当然应该管，孩子做得不对，大人要不管，那个孩子好不了。”

我问：“那孩子自己知道不知道自己做得对还是不对呢？万一大人说的是对的，但是孩子觉得不对怎么办？那样大人说的话不仅没用，还会招孩子讨厌吧？”

她说：“孩子怎么懂，那就让大人好好说呗。”

我说：“比如，你看表妹不好好学习，你觉得她不对吧？因为你比她大，你能看出来她不对，可是她不听你的，你会怎么做？”

她说：“那我就不管她了，她爱怎么样就怎么样。她爸爸妈妈都不管。”

我说：“你觉得她爸爸妈妈应该管她吗？”

她说：“当然。”

我说："你是不是也觉得那些不教育孩子的父母，是对孩子不负责任的父母？"

她说："那当然。"

我说："那假如我从一个大人的角度看到你做得不合适的地方，我应该是不管你还是应该及时教育你，让你知道你做得为什么不合适呢？"

她说："你应该和我说。"

我说："那好，我现在就有些想法特别想和你说。虽然是为你好的话，可是我又怕你逆反，认为我要限制你，你听不进去。怎么办？"

她说："那你先说说，我看看什么事情。"

我说："我能对你最近这个新形象发表一下我的看法吗？"

她说："你说吧。"

我轻松地说："你看啊，在我看来，你的头发弄得像鸡窝，你的眼睛画得像熊猫，你的嘴唇的颜色像猴屁股，你的一身衣服穿得像蝙蝠。你这不但很非主流，简直都非人类了。看上去就像是给动物园儿做广告的，一点儿摇滚的气质都没有，倒是有点侏罗纪的感觉。"

她听了笑了起来，说："什么呀！"

我接着说："你知道摇滚的精髓是什么吗？其实不是打扮，而是宣扬的一种摇滚精神。也就是说，你就是普通打扮，但是你拥有摇滚的精神，你也rock。而摇滚精神的根是一种愤世嫉俗的宣泄，是一种对灵魂自由自主的追求。摇滚音乐也是在这样的背景下产生的。而你目前追求的不过是表面的样子，你的精神并没有达到摇滚的程度。比如，你在精神上还没有达到自由自主的境界，为什么？首先，你现在还不具备精神自主的能力。要想精神自由，先要经济自由。你现在经济还没独立，现在的学习就是为了你以后经济独立做准备。当你经济独立以后，你才能够达到精神独立，那个时候你才真的很摇滚。其次，你的这个打扮也没有脱俗。人家追求摇滚这个打扮，你就这个打扮？这不是跟人学，随大流吗？这就叫俗。真正脱俗的摇滚，就是拥有摇滚的思想，而不需要模仿摇滚的打扮。真正能够追求自己想要的自由自主的状态才叫酷。你觉得我说的这些有道理吗？"

她说："有道理。"

我说："其实我并不反对你如何打扮。本来这些东西也是我给你买的，对吧？关键是，我觉得我应该让你知道什么是和你这个年龄相符的美。再说，我对你这个打扮的担心更多的是你的安全问题。你看啊，很多这样打扮的人虽然不都是坏人，但是也有坏人，你得承认吧？我们光看外表谁也不知道谁好谁坏。那么你的这个打扮，就很容易被坏人以为你和他们是一路的，那么他们就会来缠着你，这样你的人身安全就会受到威胁。这才是我最关心的。我建议你平时上学的时候，还是普通学生打扮，这样也不会引起别人的注意。如果你想非主流，可以在你们好朋友聚会的时候，打扮另类一点，这没有问题。甚至如果你想要弄一个血盆大口，我还可以帮助你。但是平时咱就还是普通中学生打扮如何？否则太不安全了。"

她听了这个很痛快地答应了，说："成。"

我马上问："我这样说，你不会觉得我在控制你，内心反感吧？"

她说："不会，我怕遇到坏人。我知道妈妈是为我好，不反感。你说得对，其实我就是想要做一次改变，按照我自己的想法尝试一下这种感觉而已。我并没有想要整天这样打扮。"

我说："我说一句真话，如果你能像你崇拜的那个摇滚歌手一样从耶鲁大学毕业，放弃律师工作，用自己当律师挣的钱组织摇滚乐队，我不但支持你，还会成为你的第一个粉丝，为你摇旗呐喊。请你相信你妈我起哄的水平，那绝对是世界一流的。因为你已经向我证明了你在学校的时候有很强的学习能力，你在工作的时候有很强的工作能力，所以我也相信你当摇滚歌手，也一定有很强的感染力和震撼了。you rock！oh yeah！"

她听了哈哈大笑地说："我真不想当摇滚歌手。"

谈话完的第二天早上，她终于恢复正常打扮，洗得干干净净，扎着高高的马尾去上学了。看到我那个干净亮丽的女儿又回来了，我发自内心地高兴。

（1）追星和学习是矛盾的吗

青春期的孩子很容易追星。很多家长为了孩子追星的事操碎了心，主要是怕他们因为追星耽误了学习，注意力全被偶像的趣闻八卦所占据了，甚至放弃学业去追星。所以有些家长很惧怕孩子追星。我也有一个喜欢追星的女儿，但是她并没有出现很多家长担心的上述情况。我把自己如何看待这个问题的观点和我面对孩子追星的做法、经验分享给大家。

我女儿 10 岁的时候，开始了她人生的第一次追星体验。那个时候她喜欢的明星是风靡世界的青少年偶像布兰妮。我不但不反对，反而鼓励她追星，并且和她一起追布兰妮。当时我的目的只有一个，利用她追布兰妮的心理，激励她学习英语的兴趣和热情。

那个时候，我只要出门看到布兰妮的海报、光盘就会买，还在网上搜索布兰妮的个人网站，告诉女儿去关注。因为布兰妮的个人网站都是英文的，我就鼓励女儿学英文去看布兰妮的新闻，学唱布兰妮的歌。我还记得那个时候，她放学回家，写完作业，练完琴，我就帮她把 DVD 打开，一遍又一遍地放布兰妮的 MV。我们俩经常一起看布兰妮的录像，学唱她的歌。

当时她最大的梦想就是给她心中的偶像写一封表达自己喜欢她的信。为了能够给布兰妮写信，我女儿对学英文充满积极性。因为她清楚，如果她不会写英文，她的偶像根本就看不懂她的心情。这是我第一次发现，内驱力的作用如此巨大。

当时她因为天天听，所以布兰妮光盘里面的歌她几乎全会唱。她的方法就是纯模仿，根本不懂歌词的意思，但是发音却很正确。我也模仿但是却没有她发音准确。我当时就体会到了孩子学习英文和大人学习英文的不同。我们因为和老师学过每个单词的发音，因此当我们看到这个单词的时候，发出的音就是老师教的口音。而孩子根本没有学过单词，她跟着布兰妮学，她必然模仿的就是她发出的声音，因此她可以发出我们发不出的声音。

如果大家仔细听，很多中国人在发 s 或者 th 的音时和外国人是不同的。这样的差别，我们学过英语的大人往往听不出来，但是没有学过英文的小孩子一听就能够听出来。所谓的口音也是体现在这些小地方的。因此从某种程度上来说，我女儿的第一个英文发音老师是布兰妮。

她那个时候唱了大量的布兰妮的歌，所以她 11 岁出国以后，外语关很快就过了，她通过唱英文歌有了语感。不过当她慢慢掌握了英语以后，她对布兰妮的热情也消失了。她第一段追星的经历也结束了。

在上 10 年级的时候，她开始了第二次追星的经历。这次口味比较重了，她追的是一些摇滚乐队，而且是那种声嘶力竭型的重金属。我想这就是她内心渴望叛逆的表现吧。她现实中一直就是乖乖女的形象，但是青春期的叛逆让她开始关注自己曾经最不喜欢的摇滚乐。

这次我依然激动地摇头晃脑鼓励她去追星，但是我更注重的是让她不但要外形上模仿，更要有一颗自由摇滚的心。因此我和她一样，开始关注北美乃至世界上著名的摇滚乐队以及成员的经历和成就。

不但如此，在我女儿完成了钢琴演奏级的终极考试，拿到皇家音乐学院颁发的演奏级证书以后，我应她的要求，给她买了电吉他和配套的音箱。从此我家每天从优雅的贝多芬钢琴曲，转变成了各种以撕裂为主旋律的"噪音"。我本来打算给她找一个电吉他老师教她，她说不需要，可以跟着视频学。我不相信她跟着视频能够学会电吉他。结果过了 3 个月她居然真的能够弹出旋律了。

而且她在文学课上写的一篇理解一首摇滚乐歌词的文章居然得到了老师和同学的好评。甚至下课时，她的文学老师主动和她谈起了摇滚，并告诉她，他上高中的时候不但喜欢摇滚，自己还成立过乐队。两个人还就一些各自喜欢的乐队展开了讨论。女儿回家告诉我这件事情的时候，我觉得这次她的追星经历依然可以用很有成果来总结。

这个成果不但使她更加了解了摇滚乐的内涵，让她和老师有了很好的私交，得到了老师和同学的喜欢，而且让她在学校的生活更加自信和快乐。这段追星经历到她12年级开始准备升大学就结束了。那个阶段学习开始紧张，她也没有时间去练习电吉他，也没有心思去关注她喜欢的乐队了。她每天都为是否能够被自己心仪的大学录取而焦虑。

在女儿被大学录取的那个夏天，她迷上了日本动漫和日本音乐。那个阶段，久石让、坂本龙一、喜多郎的音乐被她推荐给我和我老公听，以至于我老公被她带着也迷上了日本现代音乐，现在他的MP3里都是女儿给他下载的这些音乐。在她大学一年级的暑假，我带她去了一趟日本。这一去，不得了，她发现我们在日本因为不会说日语，连吃饭都成了问题。这对她是一个很大的刺激，她发誓要从暑假开始学习日语。我当然一如既往地支持加鼓励。为了支持她学习日语，我还去新华书店给她买了新编日语的全套书籍。而她依然选择从视频上学习说和听。

大学二年级开始的时候，她主动去学校的日本留学生社团，要求加入他们。同时她还在学校附近一个亚洲语言学校找到一份不给薪水的工作，工作内容就是做这个学校日语老师的助理。这样她结交了很多日本朋友，这些朋友听说她要学日语，特别热情地教她，带她参加各种日本人的聚会，让她多听、多练习。同时因为她给日语老师当助理，所以老师给学生上课的时候，她也坐在后边听。她的日语水平到了什么程度呢？那就是在她大四暑假的时候，也就是她日语学习不到两年的时候，她去日本京都参加日本语N2考试，以差3分满分的成绩通过了考试，并参加日本公司的实习面试，得到了在日本以培训而闻名的 Works Application 公司的实习机会。

我感谢久石让，感谢日本动漫，感谢女儿的那些热情善良的日本朋友。我觉得追星对女儿来说，简直就是一个让她不但感到快乐，而且可以激发她学习热情和产生学习动力的事情。这样的追星，我除了支持，我还能说什么？

在她大学四年级的时候，她又开始了新一轮的追星。这次是韩国的 EXO 组合。而我知道，这意味着她很可能要学习韩语了，所以我马上热情洋溢地加入进来。没过多久她告诉我，她已经和她打工的那个语言学校的韩语老师成了朋友，并且加入了他们学校和这个亚洲语言学校的韩语俱乐部。她发现在蒙特利尔学习韩语的基本上都是白人，一群白人加上两个和她一样热爱 Kpop 的中国孩子，整天相互之间"欧巴""欧尼"地叫着，她觉得特好玩儿。

我问她是不是打算开始学韩语了？她说："那还用问，我的日本朋友都要我介绍韩国朋友给她们呢。她们也想学韩语呢。"如果把学习语言当作一个很功利的任务去完成，这样很难学好一门语言。因为感觉不到学习的乐趣和目的，自然就没有动力去学。如果孩子有兴趣，那么你不用管他，他也会为了达到自己的目的去学。

为了支持她追的男神，我和老公去韩国玩儿的任务之一，就是去给她买吴世勋的周边。我们没有告诉她，这是作为她的生日礼物送给她的。当她看到我和她爸爸专门去韩国给她买这些东西的时候，激动不已。**其实家长如果稍微用心来引导孩子追星，是不用担心孩子玩物丧志的。**

比如很多男孩子喜欢 NBA，那么他们心中自然会有自己的偶像。这个时候，家长可以鼓励孩子追星，煽动孩子去给偶像留言，去争取参加偶像的见面会并和偶像说话。用这个目标去刺激孩子学英语，要比对孩子说以后找工作需要英语更容易让孩子产生动力。

对于追星是好还是不好，要根据情况而定。我看到一些追星族，不上学，花钱追星，那确实不好，玩物丧志。我曾经也怕女儿会这样，所以我才和她一起追星，最重要的目的就是要在她追星的时候引导她的方向，把握她追星的心理和节奏，和她产生共同语言，让她从心理认定我不是反对她，而是和她一样的粉丝，所以当我提出一些建议时，她才会采纳。

接着说说我这个和孩子一起追星的妈妈每天都干什么吧。孩子追布兰妮的时候，我每天晚上上网的第一件事情是先看新闻，第二件事情就是关注布兰妮有没有什么新动向。那个时候女儿还不会英语，都靠我从英文网站上看各种粉丝爆料，然后告诉她。说实话，那段时间我对外国孩子的英语常用语很熟悉。这也是我和孩子一起追星的收获。

和孩子一起追星的家长，不是只要支持就可以了，必须要花时间去了解孩子喜欢的明星，这样和孩子谈论的时候才可以产生共鸣。**同时家长的追星要比孩子高一个档次。比如孩子就是因为明星好看而追，那家长就要注重更深层次的讨论**。比如和孩子讨论追星的不利影响如何避免，产生了如何消除，如何让自己喜欢的明星更引人注目等话题。其实这就已经涉及一个通过讨论明星，让孩子知道如何做人才会被大众喜欢的问题了。这就比孩子单纯追星有意义得多。让孩子思考如何让明星更出众的同时，也是培养了孩子注意自己以后要怎么做才能出众的思考习惯。

当孩子开始迷恋一个明星的时候，家长千万不要制止，要和孩子一起追星才能正确地引导孩子，并激发孩子某些正面的能量。任何事物都是有两面性的，关键在于家长是否拥有发现积极因素的能力。

我自己是一个心态积极的人，那么我看待任何事物就很容易发现其中的积极成分，并思考如何把这个因素发挥出来。同样是孩子追星，我的孩子就可以通过追星不断提高自己的能力，追星既成了她的爱好，又可以作为激励她成就事业的目标。寓教于乐恐怕就是这个效果吧。在孩子喜欢 EXO 的时候，我大部分的时间都是在看 EXO 的访谈和介绍，以及和他们有关的新闻。我可以做到准确无误地说出他们 12 个人的名字，并且看到照片就能说出谁是谁。我还能准确说出这些人的不同特性、特点，这是女儿很佩服我的一点。她喜欢吴世勋，就会说："世勋好帅呀。"为了能够和她有效互动，我也在 EXO 里面选择了一个成员 KAI 作为我的偶像。我喜欢 KAI，我除了说帅，还会说他会跳舞，他的舞蹈属于哪种风格。这样她会觉得我真的理解了她做粉丝的心情。我们甚至还一起讨论推出 EXO 的 SM 公司的其他组合。

和孩子一起追星的这些年，我也学到了很多曾经不懂的知识。比如我在查布兰妮资料的同时，了解了迪士尼这个公司在不同发展阶段的创新步伐。从动画片到游乐园，从培养明星到现在拍电影，等等。了解摇滚乐的时候，我也听了大量的摇滚乐，除了发现其魅力所在，我还发现了自己最喜欢的摇滚乐队，等等。

父母的教育不是只给孩子吃饱、穿好，让孩子好好学习，其他什么都不用干，什么都不用懂，不和孩子交流，没有任何共同语言。父母的教育要以身作则，用心理解孩子，和孩子真正成为朋友，而且是一个他可以信赖的，比他成熟、比他有想法，让他从内心敬佩的朋友，而不是一个仅仅让他感到拥有权威感的家长。

（2）诚实教育之我见

诚实教育其实一直是家长很纠结的教育问题。教育孩子诚实吧，怕他长大以后会发现有人经常说谎话，担心孩子会因为诚实而无法适应社会，难以生存，甚至在他的经历和所受教育发生冲突的时候，造成他从此怀疑人生。而不教育孩子诚实吧，对家庭、社会的不利影响就会更多。往小处说就是对家人满嘴谎言，家庭成员之间都无法彼此信任；往大处说就是有可能使孩子成为骗子、诈骗犯。所以到底该不该教育孩子做一个诚实的人呢？如果想要孩子做一个诚实的人应该如何教育呢？

我选择教育孩子做一个诚实的人。除了因为诚实是高尚的品质，还因为诚实其实是她得到其他人长久信任和友谊，甚至是能够获取最大利益的方法。因为谎言一旦开始，就需要不断用另外的谎言去弥补。一旦谎言被揭穿，便会损失惨重，失去信任，失去工作，失去社会信誉甚至失去自由。但是她自己学会诚实，并不会使她听不出别人的谎言而受骗。

因为在教育她为什么要诚实的时候，我还会教她使用逻辑思维的方法去判断她所闻或者所见的真假。只有诚实，才不会有逻辑漏洞被人抓住把柄。她必须明白，这个世界总有比她聪明的人在她身边，所以千万不要自作聪明地觉得自己的谎言别人听不出来。有时候别人听出来不说，是因为她的谎言没有伤害到别人的利益。如果她的谎言伤害到别人的利益被揪出来，那么难堪的就是撒谎的人，而被钦佩的就是识破谎言的人。所以我在训练孩子的时候，就是培养她做一个诚实的人，同时还能识别各种谎言。

我会把为人处世的道理融入日常生活中的每一点、每一滴里教给孩子，希望她之后做人做事能够轻松快乐。说谎是一种在压力下生活的状态，因为怕被人发现，活得就会担惊受怕不快乐。我自己不喜欢在这样的心态下生活，也不希望自己的孩子过这样的生活。

大多数人因为不敢承担责任，或者想要得到某种利益，却不知道如何诚实地表达，所以选择撒谎这种看似最简单，实则最愚蠢的方法。谎言往往只在不爱动脑子的人面前起效。因此教会孩子学会用大脑替代眼睛和耳朵去判断的方法更为重要。

先给大家讲一件我女儿上高中时遇到的事情。其实这件事情很明显是对她进行的一次社会性的诚实考验。如果没有教育过孩子要诚实，结果很可能会是两样。

一天，我女儿放学非常晚，我便开车去学校找她。找到她之后，我问她怎么回事，她心事重重地说，有些事情要做所以耽误了回家。因为她在学校社团担任了重要职务，我知道她很忙，就没有再追问。

大概过了两天，晚上吃饭的时候，她说："妈妈，我有件事情压在心里几天了，我很苦恼。"

我说："说出来，看看我能帮你做什么。"

她说："就是前几天你接我放学的那次，你知道我为什么那么晚吗？因为我被校长找去谈话了。"

我一听，心里紧张了起来，问："你怎么了？"

她说："不是因为我，是因为我的英文老师康尼。她被同学投诉了，同学说她在班上发表歧视同性恋的言论，你知道加拿大法律规定是不允许任何人公开表示歧视同性恋的。"

我问："同学举报的是事实吗？"

她说："是，她在班上说了很多次什么同性恋都有病、不正常等言论。"

我问："那校长找你干吗？"

她说："校长对我说，知道我是康尼最喜欢的学生，所以想听我说实话，她到底说了还是没说。如果证明她说了，她就会受到处罚。"

我问："那你是怎么做的？"

她说："我说了实话，我承认她说了。校长还让我在一份调查书上签了字。可是我做了以后，心里总觉得对不起康尼，所以我这几天心里很不舒服。妈妈你说我这样做对吗？"

我说："你这样做很对。你心里觉得不舒服，是因为你觉得她很喜欢你，而你的行为对她却不利，没有保护她对吗？其实每个人都要为自己的言行负责，而不是让爱自己的人为自己的言行负责。你爱她没有错，但是你没有任何权利和义务去替她的言行负责。她从小生长在这个国家，就必须遵守这个国家的法律，因此她一旦有了违法的言行，就必须自己承担责任。对不对？通过这件事情，你也应该懂得，你的言行只有你自己能够负责，谁也不会替你承担责任，因此说话、做事要遵纪守法，要小心谨慎。另外，既然同学都投诉了，而且这件事也是事实，校长找了你，就是对你做人是否诚实的考察。校长其实提醒了你，说你是康尼最喜欢的学生，你要考虑自己应该如何说话来证实自己的人品。你说了实话，你在校长心中的形象只有好，没有坏。校长一定还找了别的同学作证。一旦说了谎，你的信誉就会消失，不但不能保护你喜欢的老师，还把自己的名誉搭了进去，你觉得值得吗？你不用内疚，你没有必要因为没有替她承担她自己应该承担的责任而自责，那不是你应该做的。你能做的就是做好自己，不要让这样的事情发生在自己身上。不是说好人就不会犯错误，但是好人犯了错误也得自己去承担，对不对？你也是好人，你也会犯错误，难道你不应该承担自己的错误吗？假如你犯了罪，你打算让妈妈替你做伪证，然后咱俩一起去坐牢吗？你觉得这样做对吗？"

经过这次谈话，女儿心里轻松了很多，不再为此纠结了。她觉得自己做得很对，如果她撒谎，她会更烦恼，而且永远带着烦恼离开这个学校，那就太不值得了。所以她自己说："我发现诚实真的是一种让自己心里轻松的方式。"

看了上边的事情也许家长会担心，老师受到了批评，会如何对待我的女儿？我不担心吗？老师会不会对孩子怀恨在心？这个问题，我当时也和女儿谈了。她也担心如果老师知道她作证了，会不再喜欢她。

我就告诉她："一个令人值得尊敬的老师，是一个敢于承担自己责任的老师。老师这个职业本身就赋予了很大责任。如果她因为你说了实话，而不再喜欢你，你不用伤心，同时应该感到庆幸，通过这件事，你学会了如何判断真正值得你敬佩的人的方法。你不要在意一个你已经看不起的人对你的态度。相反，如果这个老师知道你作证了，不但不反感你，还继续对你表达喜爱之情，这样的老师就非常值得你敬重。因为毕竟她表达的不过是她个人的观点，代表的是她个人的价值观。而且她勇于为自己言行承担责任，而不迁怒于他人，这是一种很好的品质，非常值得敬佩和学习。

事实就是，后来康尼一直对我女儿很好。她依然是我女儿最喜欢的老师之一。我的女儿发现老师虽然受到了处罚，但是并没有怪罪举报她的学生，照样在课堂上和学生谈笑风生。这就是老师身体力行对学生的教育，那么这些学生看到老师的做法，以后自己遇到类似的事情，也会学会如何承担自己的责任和如何对待举报自己不良行为的人。

这一切都来自家长的教育和学校、社会的教育。因此父母和老师的言传身教，对没有成年的孩子来说是最好的模仿的榜样。

04

逻辑思维建立的最佳窗口期，不要错过

全世界的孩子到了中学阶段都要学习几何。初中是平面几何，高中是立体几何。可是工作以后，我们却找不到需要用几何的地方。那么我们为什么要学？

这个问题我问过很多中学数学老师。他们大都觉得这是教学大纲要求学的，做老师的只负责教给学生如何解题，学生要做的就是背下公式，学会解题方法，大量做题，通过题海战术得到考试高分，顺利考上重点中学、重点大学。至于为什么全世界的孩子都要在这个年龄段时学习几何，很多数学老师都没有思考过。他们的几何课基本都是在枯燥无趣地讲解做题方法。

当我们需要强大的判断能力和创新能力的时候，我们突然发现逻辑思维的缺乏成了自身发展的短板。我们缺乏快速判断事物真假的能力，缺乏准确判断事物发展方向的能力，缺乏预见能力。我们越来越感到，因为缺乏这些能力而竞争力不足。我们无法判断很多人生关键点的选择方向，甚至无法给孩子提供正确的判断和建议。我们缺乏的能力，我们的孩子也会因为无从学习和模仿而欠缺。

逻辑思维能力越来越重要，越来越多的家长开始重视这个问题，到处寻找可以提高孩子逻辑思维能力的培训班，而一些水平参差不齐的商家也发现了这个市场，它们为了满足家长的迫切需求，开办了儿童逻辑思维培训班。

孩子的抽象思维是在 12 岁以后才开始形成的。逻辑思维必须建立在抽象思维之上。很多人都在抱怨我们缺乏系统的逻辑思维教育，造成我们大多数人在遇到问题的时候不能很好地解决问题。但在我国的义务教育体系里面，几何一直是重要组成部分，而解决几何问题的思维方式就是逻辑思维框架建立的基础。

逻辑思维的三要素包括概念、判断、推理。逻辑思维的过程，就是运用这三要素，通过已知的客观事实，分析现有情况，利用规律，推导得出结论。几何题目是通过已知条件，使用已经掌握的定理进行推理，判断最终结果的正确性。所以解题过程就是学生在自己已经掌握的各种定理中，选择一个或几个与这个题目相关的定理，通过已知条件证明结论的正确性。这其实就是最简单的逻辑训练。

一些老师和家长都以为让孩子学几何仅仅是为了考高分，因此都是靠大量做题来学习几何，即使不理解也能得高分。因为大量做题就会造成只要考试的题目类似，孩子就可以通过举一反三地模仿最终得到高分。所以很多小时候数学成绩优秀的人，照样缺乏逻辑思维能力，分析问题和解决问题的能力也很差。

我上学的时候特别喜欢几何，原因是我孩提时期就喜欢看侦探推理类的书，开始是看着好玩儿，觉得侦探们都特别聪明，能从一群我看着没有问题的人群中，通过很多蛛丝马迹找到真正的凶手，很是令我佩服。柯南·道尔的《福尔摩斯探案集》，阿加莎·克里斯蒂的《尼罗河上的惨案》等书我都看过好几遍，以至于后来的日本动画片《名侦探柯南》我也喜欢看。

初中刚接触几何的时候，我开始也和所有的孩子一样不求甚解地按照老师教的方法学习如何做题。但是我做着做着，就对做几何题的过程发生了兴趣。我突然觉得这种做题的方法似曾相识，做的题越多我就越觉得很像我看的侦探书里面的破案过程——都是从已经知道的情况或者条件出发，通过自己掌握的一些规律或者常识，找到相关线索和联系，最后得到真相和答案。当我用这样的思维去做几何题时，我就把做几何题当成了一种智力游戏，觉得特别好玩儿，甚至到了停不下来的程度。我开始到处找那些非常难的几何题做，觉得教科书上的几何题都太容易，完全没有挑战性。我能做到几何考试，总是全班第一个交卷，而且总是保持满分的水平。

那个时候，我第一次体会到了学习兴趣是怎么来的。为什么很多同学恨之入骨的几何，我却爱不释手？他们把学习当受罪，而我把学习当成了游戏。这种体会对我后来培养孩子的学习兴趣很有指导意义。**在孩子很小的时候，我就注重教她如何在学习的科目上找到游戏的感觉。这样才能激发孩子学习的内驱力，让她感觉学习不是一件非常辛苦的事情，而是一种可以让自己得到快乐的好玩儿的游戏。**

后来我的女儿学几何的时候，我就用这样的思路指导，让她从一开始便明确学习几何的意义所在。所以和我当年一样，她把做几何题当成破案的游戏，做得不亦乐乎。以致后来，我们都不满足于简单地做几何题，而把这样的思维方式运用到了判断生活中的很多事情上。讨论目前针对的某件事情，我们已经知道的情况有哪些，列出来；我们不知道的有哪些，如何才能知道；如果想要得到我们需要的结果，应该如何操作，有几种可以操作的方法；如果失败了，最差的结果是什么；等等。

我曾经想过，如果我是初中教几何的老师，我会在第一节课上带领孩子看《名侦探柯南》，然后跟大家一起讨论柯南是如何破案的。这个故事里面，哪些条件是已知的，哪些条件是未知的，需要柯南去侦查和了解的，最后他是如何得到真相的。我会问孩子，这个故事是否好看，有没有意思？大家是否很佩服柯南？告诉大家："如果学会了破案方法，人人都可以当'柯南'。我们从今天开始，就要学习当'柯南'最基本的方法，训练自己变得聪明，以后走到哪里都是令人佩服的大侦探。你们愿意吗？"

这样孩子就会因为有兴趣，有目的而学习几何，并理解学习几何不是为了考高分，而是为了让自己变得更聪明。再加上老师耐心有趣的讲解，孩子不但分数不是问题，更重要的是他们学习到了一种对自己一生有用的思维方法。这个年龄的孩子领悟力强、理解力快、记忆力好。只要教学方法正确，懂得利用孩子喜欢玩儿的心理，就能把握住关键期，培养青春期孩子的逻辑思维能力。

我通过自己多年使用逻辑思维的经验，总结了"宋式逻辑思维"的五步法：

第一步：确定概念。

第二步：提出与概念相关的客观事实并提问。

第三步：根据客观事实，使用相关证据来解答提出的问题。

第四步：验证推理结果。

第五步：给出完整的观点和结论。

做几何题时是如何按照这样的步骤带着孩子建立思考模型的呢？我试举一例。

例题：已知在△ABC中，AB = AC，AD垂直平分BC

求证：∠DAC = ∠BAD

首先我们要看这是一个什么结论？求证的过程就是判断这个结论的真假的过程。

第一步，确定概念。这道题要求证的是什么？是线之间的关系，还是角之间的关系，还是线和角之间的关系？显然这道题求证的是角之间的关系。

第二步，针对概念提出问题。首先要搞清楚已经存在什么客观事实，也就是能知道的已知条件都有什么。这道题的客观事实是有一个三角形，两个边相等，还有一个边被一条线垂直平分。那么这些线和想要求证的角有什么关系呢？都有什么证据可以把这些客观事实联系在一起呢？

第三步，论证。根据客观事实，寻找证据来解答自己提出的问题。针对这些问题，有哪些证据可以利用？等腰三角形的特点，与边和角有关的定理，都可以作为证据来证明要求证的这个概念是否能够成立。

第四步，验证答案。最后把这个结论代入到整个推理过程中，看是否可以还原客观事实。如果能够还原，说明这个结论是正确的，如果不能还原，说明这个结论是错误的。

第五部，给出结论。在几何题里面结论很简单，一个"所以"就可以代表。但是在分析现实问题的时候，结论就是一个包括原因、结果在内的一段文字描述。

通过例子可以看出解决几何问题包含的这五大步骤，是一个完整的思维过程。

在这个过程中，对于孩子来说最难培养的是在思考过程中学会提问。也就是第二步。没有问题说明没有思考。

学习几何并不仅仅是为了取得高分，更是为了培养孩子以后可以享用一生的逻辑思维能力。它可以提高孩子对未来事态发展的预测能力，对自己要从事的职业成败的评估能力，甚至对爱情、婚姻的判断能力；可以让孩子准确地识别真话、谎言，找到真相；可以准确地抓住机会，及时规避风险。

如果家长自身这个能力都不够强，在培养孩子的时候，就要和孩子一起成长，和孩子一起学习如何提高自己的逻辑思维能力。和孩子一边讨论，一边学习，不仅会让孩子产生一种朋友的感觉，家长也可以提高自己的生存能力。

05

正确的三观建设，帮孩子完成从稚嫩到成熟的过渡

（1）人生观的树立

要谈人生观教育就必须先要明确什么是人生观。人生观是关于人生目的、态度、价值和理想的根本观点。它主要回答什么是人生、人生的意义、怎样实现人生的价值等问题。其具体表现为苦乐观、荣辱观、生死观等。一个人积极上进、乐观豁达，努力奋斗、勇敢坚定，拥有责任感，这属于积极的人生观。相反，消极悲观、好吃懒做、胆小怕死、推卸责任，这属于消极的人生观。

有些朋友曾经问我以下几个问题：你怕死吗，为什么？你怕你的父母去世吗？如果父母怕死，是不是孩子就怕死？应该如何教育孩子面对生死的问题？

这些问题很有代表性，不过我的孩子好像没有和我讨论过生死问题，所以我只能写写我个人对生死的看法，供大家参考。

首先回答我是否怕死的问题。我可以明确地回答：我一直都不怕死，即

使小时候打架被打得头破血流，也只是因为疼哭过，并没有因为怕死哭过。

几年前，我在国外开长途的时候，半路突然因为子宫内血管破裂大出血。当时我发现以后并没有及时告诉就坐在身边的女儿，自己处理了一下，继续坚持开车 5 个小时，把车开到了终点。直到我知道女儿有了安全的住处，我才同意被送到医院。医生说如果我再推延一会儿可能就休克了。

对于这个经历，很多人问我为什么不就近先到医院。我当时的想法就是，在那个陌生的国家，我知道女儿到了熟悉的地方就会安全，我必须先把她安排好。如果我告诉她我大出血，她就会慌张得不知所措，那样对我来说更麻烦。当时送我去医院的朋友说："你是医生，你不知道这样会死的吗？"我说："我当然知道，但是在那个时候，我不怕死，我怕孩子不安全。"我当时就是靠不停地喝水，集中全部的注意力，不敢说一句话，加快速度把车开到了安全的地方。

说到我是否怕父母去世的问题。我怕，怕失去爱我的人，我的痛苦来自不想失去他们的爱的自私心理。曾经有人问我："如果父亲患了肺癌住院，但是不听劝，还是不能戒烟，家人劝阻他就生气发火。应该怎么办？"我问他为什么要阻止父亲吸烟，他的回答是："怕他死。"

我爱我的爸爸，如果我知道爸爸怎么治疗都不可能轻松地活着了，那么我不会劝阻，我不想爸爸死的时候有遗憾甚至痛苦。我们在父母病重的时候想要延长父母的生命，很多时候可能是为了满足和安慰自己的心理。如果父母想要生存，他们就会听医生的劝告，根本不用家属劝。如果他们自己不在乎，那么我就会按照他们的意愿让他们在走之前不留遗憾。

爸爸曾经对我的教育就是宁可快乐地死，也不想痛苦地生。我也是这样的生死观。所以我虽然怕父母死，但是我更怕他们临终前有我能满足，但是因为我的自私而没能满足的遗憾。

对待生死问题，我觉得和孩子多讨论如何活着，比讨论他以后会怎么死更有积极的意义。人生短暂，让孩子学会把自己的人生过得物质富足、精神丰满，体会人生不同阶段的经历，享受人生不同阶段的乐趣，到他死去的时候便无怨无悔。所以我们应该多鼓励孩子，努力靠自己，独立地过好自己的人生，而不是为了让孩子从小听话就用鬼怪吓唬他，给孩子造成怕父母死、怕自己死的心理恐惧。

（2）世界观的形成

孩子的世界观往往是在青春期形成的。拥有不同的世界观就会拥有不同的心胸和眼界。我国中学的思想政治课等对孩子世界观的形成起到引导作用。世界观是指处在什么样的位置、用什么样的眼光去看待与分析事物。它是人们对世界的基本看法和观点。世界观具有实践性，人的世界观是不断更新、不断完善、不断优化的。

世界观的基本问题是意识和物质、思维和存在的关系，根据对这两个问题的解答，可将世界观划分为两种根本对立的类型，即唯心主义世界观和唯物主义世界观。宗教信仰属于世界观范畴。对很多没有宗教信仰的人来说，如何看待这个世界的多样性，就是世界观的现实体现。比如对于没有见过的东西，或者很多新事物采取什么样眼光来评判，是否可以包容多样性的存在，都是一个人世界观的体现。

在我女儿上 10 年级的时候，发生过这样一件事。一天，她回来告诉我，他们班做了一个吸烟的调查。老师让大家都把眼睛闭上，然后分别让班上承认自己吸烟的人举手，承认自己吸过大麻的举手。她偷偷地眯着眼睛看了一下，发现她的同桌承认自己吸烟并且吸过大麻。回家后她就开始和我嘀咕，说她同桌是个吸大麻的坏孩子，她想要求老师给她换座位。因为姥姥说，让她离吸烟、吸大麻的坏孩子远点儿。之前老师经常要求她和这个男生一起读一本书或做类似的事情。她知道他吸大麻以后，突然对这个男生产生了反感。她和我说，她很苦恼，很想换座位，可是又怕这个男生觉得奇怪，会问她为什么。因为这个男生跟她关系一直不错。

我问她："你不知道他吸大麻的时候，你对他的印象如何？"

她说："很好，这个男生在班里其实是个很好的人。"

我问："那么你知道他吸大麻以后，他在班里的表现有变化吗？"

她说："没有。"

我说："你知道老师为什么让你们闭上眼睛，让大家举手吗？就是因为老师一方面要鼓励大家诚实面对自己，另一方面要保护他们。保护他们什么呢？就是怕他们受到别人的歧视或者被另眼看待。首先你偷偷看，说明你没有遵守老师的要求，你有偷看别人隐私的心理。其次我问你，老师知道他们吸烟以后，批评他们了吗？"

她说："老师没有批评他们，但是老师讲了吸烟有害健康。"

我说："对呀。老师没有批评他们，就说明吸烟本身不是什么严重的问题，不过是一种不良的生活习惯。生活中很多人都吸烟，一些人都是从小时候就开始的。"

她说："那他吸大麻呀。"

我说："很多吸烟的孩子会尝试吸大麻甚至吸毒。他们好奇心重，禁不住诱惑。其实不管吸烟也好，吸大麻也好，不过是他们选择的一种生活方式。你可以不接受他们的生活方式，但是你不可以歧视他们本人。因为他们并不是什么坏人。吸大麻在加拿大是合法的，所以他们吸大麻并不违法。如果他们吸毒，警察会来管理他们。你要分清楚，什么是合法存在的，什么是不合法的，对不合法的才要坚决抵制。比如你的同桌，他吸烟并没有干涉你的生活，所以你没有权利歧视人家。他没有当着你的面吸烟来影响你的健康，他也没有强迫你吸烟，而且他平和地对待你、尊重你，你凭什么不理人家，甚至要换座位来躲避人家？如果你不偷看，你会这样做吗？其实这件事情上，错误在你。是因为你自己偷看，造成了你对别人的歧视，造成了你现在的烦恼。而对于他来说，他突然受到你如此对待，不是很无辜吗？"

女儿问："那姥姥说离这样的孩子远点儿有错吗？"

我说："**姥姥说的是一种心理距离，也就是说，你应该学会保护自己，从心理上要与所有不健康的行为保持距离，而不是说离这个男生远点**。即使你不知道谁是坏人，你都要在心理上与别人保持距离，这样才能保证自己不受伤害。比如不要随便吃别人给的食物，不要随便和男生或者不熟悉的人外出、一起过夜，等等。这才叫保持距离，不是说换座位这样的现实距离，而是心里时刻提高警惕的意思。但是保持心理距离并不会影响你与人家的正常交往。该尊重人家必须尊重，该如何对待人家就要和平时一样，不要带有任何歧视心理。这样你才是一个心理健康的人，才会处理如何与人相处这个问题。以后长大，什么样的人都会遇到，喜欢的、不喜欢的。**你对任何人从心理上都要保持距离**。不一定喜欢你的人就一定不会伤害你，不喜欢你的人就一定会伤害你。**你要知道人与人的相互了解都是从相互尊重开始的，同时也要清楚如何保护自己。不要轻易地相信别人，也不要轻易地怀疑、厌恶别人，这两种极端的心态都是不健康的。要学会平和地对待每一个人。**要学会尊重别人的生活方式，就如同别人也尊重你的。他有吸烟的权利，你也有不吸烟的权利，但是你们依然可以共存。因为这个社会本身就是包容各种人的生活方式和习惯的。你可以不接受他的生活方式，但是你不可以歧视他。加拿大法律明确规定，任何歧视性的行为和语言都是违法的。作为一个加拿大公民，你必须知道你有遵守法律的义务。"

解释完后，我问女儿是否清楚了她应该如何和她的同桌相处。她说她知道了，就是和平常一样就行了。

我说："这就对了。如果他不干扰你的生活和学习，你完全没有必要歧视他。相反，你尊重他，他同样也会尊重你。但是从心理上，你知道自己和他不是一类人，这就可以了。"

所以困扰她一天的烦恼解除了，她第二天照样快乐地上学去了，也不会因为和这个男生坐在一起而心烦了。我后来还问她："你看见你的同桌还烦恼吗？"她说："我早就想通了，不烦了。"

我想这样的事情她以后还会遇到很多，那么我会慢慢培养她用一颗包容的心看待世界。这样就给她未来处理人际关系问题，学会如何与人相处打下了良好的思维基础，还让她清楚面对这样的问题时，如何在不得罪别人的同时还可以保护自己。

（3）价值观的培养

价值观是人基于一定的思维感官而做出的认知、理解、判断或抉择，也就是人认定事物、辩定是非的一种思维或取向，从而体现出人、事、物一定的价值或作用。在阶级社会中，不同阶级有不同的价值观念。价值观具有稳定性、持久性、历史性、选择性、主观性的特点。价值观对动机有导向作用，同时反映人们的认知和需求状况。从价值观的定义中可以知道，不同的家庭经济情况，不同的家庭教育背景，不同的思维方式会让孩子树立不同的价值观。

我曾经收到过一个妈妈给我的留言：

狐狸姐，现在的社会越来越复杂，不平等的情况时有发生，小孩在学校甚至幼儿园里就开始接触了。有些老师会因为家庭背景而对小孩持不同的态度，学校有交流锻炼的机会也是家里有背景的孩子去参加。明明是生物交流，但选拔标准一点也不提是否热爱生物学科，这种情况，孩子小的时候还可以鼓励他下次努力，慢慢大了，他自己也会知道问题不在自己不努力上，心理多少也会受打击，觉得努力也敌不过现实，甚至会埋怨父母不争气，产生"你们叫我努力，自己怎么不努力出人头地"的想法。请问姐姐对这种现象有什么看法吗？对孩子的教育该怎么进行，才能引导他有一个健康的心态呢？

我当时给她的回复是这样的：

首先我会明确告诉孩子这是一种正常的社会现象，但是正常存在并不代表就是对的，很显然这种现象是不对的。也就是我要表明我对这个事情的评价标准。我会给孩子讲所谓的公平和不公平都是相对，让孩子认识到这个世界上没有绝对的公平，让他学会如何看待这个社会的全部并接受这一事实。正因为我们能有这样的心胸接受这个事实，我们才能理性地去思考，如何在这种现实中找到有利于我们自身发展的空间，并让自己的利益最大化。

其次我会给孩子讲这个世界上的任何事物都是由正反、阴阳两方面，甚至更多的层面构成的。当他只看到阴暗面的时候，他就要明白，一定是自己的思维方式阻碍了他看到这个事物阳光的一面。同样一个事物，换一个角度就会看到另外一面。要教孩子学会一种正确地看待问题和思考问题的方法。当然家长该为孩子撑腰的时候，就要勇敢站出来，让孩子看到家长在和他一起努力。

最后谈谈你说的生物交流问题。如果我的孩子喜欢生物，并且生物成绩总是全班第一，同时积极参加课外小组，有些突出的表现，那么这个时候，我的孩子想参加这个交流，老师不让去，我一定会拿着孩子的成绩去找校长，甚至找到教育局去。我要让孩子知道我对她的肯定和支持。

如果我的孩子就是热爱生物，但是并没有什么突出的成绩可以让我如此理直气壮地为她争取利益，那么我就会告诉孩子，那些所谓的不良风气都不重要，重要的是我们自己努力得还不够，没有能够让人家认可的硬指标。这正是激励我们努力学习的动力。如果我们有了别人认可的硬指标，我想即使别人比我们更有钱、更有地位，我们都有争取的资本。

很多情况下，我们得不到机会，往往会把原因归结到外界因素上，而不是考虑如果自身具备什么样的硬条件就可以战胜那些因素，或者还有什么其他的机会可以争取，而不是和一个机会一直较劲。

同时，孩子质问父母的问题没有错。难道我们培养孩子的目的就是想让孩子出人头地吗？那么我们自己做到了吗？我们教育孩子的目的不是要让他出人头地，而是要让他拥有一个能够自己养活自己，立足于社会的本领。告诉孩子，我们希望他去参加这个活动，不是为了让他出人头地，而是想让他体会成功的快乐。我们所有的努力都是为了让孩子成人以后，比我们过得更好。

这就是家长如何给孩子树立价值观的问题。孩子去争取参加这个交流会的价值在哪里？是为了出人头地给父母争面子，还是为了开眼界多学习一些知识，培养对这个领域的兴趣？如果家长能拥有对这个问题的正确的价值标准，那面对这样的不公平选拔，就不会放在心里。因为想要增长生物方面的见识，不一定偏要去参加这个交流。特别是孩子缺乏优秀硬条件的情况下，家长完全可以把这件事情作为一个鼓励孩子提高自己的契机，而不是和孩子一起感叹不公平的问题。

家长要让孩子知道，一切能提高他未来生活能力的因素才是有价值的，而与这些因素无关的都是没有价值的，这样孩子才能更容易地判断他努力的方向。其实父母的面子，孩子是否是第一名，等等，与是否可以提高孩子未来的职业能力一点儿关系都没有。

06

正确的婚恋观，帮孩子打下幸福一生的基石

（1）如何回答女孩子关于性的问题

青春期是孩子性发育的重要阶段，对于性，几乎每个孩子都渴望了解。随着激素的作用，孩子开始把眼光落在和自己不同的异性身上。早恋、初恋开始降临到了这个年龄段的孩子身上。父母，必须要认真对待这个年龄段孩子的性教育。这关系到孩子未来一生的身心健康。

很多中国父母从来不和孩子谈性，日常生活问人家是否怀孕倒是很随意，或者并不避讳在大庭广众之下聊怀孕生孩子的事情，却忌讳谈性的体验、感受和观点。好像怀孕是美好的，性是丑陋的，似乎怀孕与性无关。这就造成了孩子错误的认知和判断，觉得性是男人追求的，女人根本不需要。

我不希望我的女儿如此浑浑噩噩地度过她的一生。我很愿意和她分享性知识，性理念和我对她的建议。我们经常像好闺蜜一样聊女人之间的话题，包括对爱情、对性、对婚姻的看法。

知乎上曾经有个 17 岁孩子的妈妈提问：如何妥当且有说服力地回答青

春期女儿"为什么不结婚可以谈恋爱，但不可以有性行为"的问题？我当时看到她的困惑，写了我是如何做的。结果发现下面给我留言的大多数女孩子都说自己的妈妈从来没有和自己如此深地谈过这个话题，所以自己根本不懂，走了很多弯路，甚至产生了很多偏执的观点。

我当时是这样回答她的。

18岁以前不能有性生活的原因：第一，生殖系统没有发育完善，子宫、卵巢等的发育并不成熟。如果有性生活，对个人最大的问题是可能会留下很多妇科疾病。这些疾病可能会严重影响日常生活。比如各种炎症造成的疼痛和不适感，年纪轻轻的身体状态就如同一个老太太一样。你喜欢这样的自己吗？第二，心理发育同样尚不完善，不懂什么叫责任，不懂如何承担性生活有可能会出现的后果，以及给你带来的烦恼。如果怀孕做了流产，你能承受那种手术的痛苦，和可能对身体造成的永久性伤害吗？你不能。第三，你没有经济独立，因此无法承担性生活的后果所连带的经济付出。比如做流产的手术费，不做流产生孩子和养孩子的费用。一个未满18岁的孩子根本无法承担。因为性生活是你自己的选择，那么这些连带的经济付出也必须由你自己承担。如果你无法承担，就不要做自己能力无法达到的事情。

那么第一次的性生活应该发生在什么情况下呢？我给女儿的建议，就是第一次一定要和一个彼此喜欢的人。因为只有这样，第一次才会有幸福的感觉。因为彼此喜欢，就会在乎对方的感觉。第一次感觉对未来性观念很重要。有些女性，因为第一次没有爱，没有彼此的在乎，所以造成一生厌恶性生活，甚至觉得性生活是肮脏下流的行为，如同强奸。我不希望女儿有如此恐怖的经历，所以我对女儿的建议就是一定要找一个真心喜欢她，她也喜欢的人。只要他们彼此都有欲望，做好避孕措施，就可以发生。

对于家里有男孩子的家长，我没有经验可以分享，我只能谈谈如果我有儿子，我会如何教育他。

首先我会教育儿子要懂得尊重女性。这是一个男人成熟以后的魅力所在。一个懂得尊重女性的男人才会拥有幸福的家庭，一个懂得尊重女性的男人才能真正地拥有选择优秀女性的眼光，这是保证他婚姻幸福和子女基因优秀的基础。对于男人来说，最有修养的尊重就是尊重女性自己的选择。对方说"不"，请尊重对方的态度。这样对方会更加喜欢你。

其次我会告诉儿子，男性生理上的性成熟年龄在 18 岁左右，但是性心理成熟要滞后于生理上的性成熟，所以性冲动不是爱情。而女性的性心理成熟要早于生理上的性成熟，因此青春期的女性在生理上的性要求上没有那么强烈，但是她们却渴望有异性关注、照顾和呵护。如果自己没有喜欢或者爱的感觉，请不要发生性行为。由于生理原因男性往往是性行为的主动方，一旦出现怀孕这样的情况，主动方要承担更大的责任。而处于青春期的孩子，根本无法承担这样的后果，必然会牵连到家长。我不希望我的孩子被老师、同学认为是一个不负责任的人，来自一个缺乏教育的家庭，而且这样的观点会影响男人以后的人生观。我不会建议儿子在未成年的时候发生性行为。

最后我会告诉儿子，拥有爱的性才是美好的。这样的观点和我教育女儿是一样的。正确的性教育可以为孩子未来拥有美好的性生活打下良好的基础，同时也可以避免不必要的人生烦恼，否则损人也不利己，还会给他在社会和朋友圈中造成很差的影响。教孩子学会理性地看待性问题，学会控制自己和知道自己为什么要控制，孩子是会理解和接受的。

（2）如何跟孩子交流正确的性观念

青春期对孩子来说是性发育最快的时期，女孩子会有初潮的到来，男孩子会有遗精的产生。为了避免孩子突然面对这个生理变化而出现恐惧、惊慌、担心、尴尬等不知所措的心理，我建议父母应该在孩子还没有发生这种情况之前就对孩子进行适当的性教育。正确的性教育不但可以解答孩子对自身和异性身体发育、心理发育的好奇，也可以树立健康的性观念，对孩子未来的恋爱、婚姻以及生育态度都是一种积极的引导。

家里有女孩子的，建议在孩子 10 岁左右时，妈妈给女孩子讲一些她马上要面对的月经问题、乳房发育、阴毛腋毛生长等关于性发育的知识，要告诉孩子一旦发现自己来月经了，不用惊慌，学会使用卫生巾就可以。

当女孩子开始来月经的时候，做妈妈的要告诉她，来月经说明她已经具备了生育能力，给她讲解怀孕是怎么回事儿，是如何发生的。同时要告诉孩子，从生理上讲虽然她具备了生育能力，但是由于女性生殖系统依然处在发育阶段，其实还不具备可以怀孕生孩子的条件。在生殖系统发育完善的过程中，要避免性生活和怀孕，否则会对自己的身体造成伤害。另外，这个年龄的孩子经济还没有独立，还在靠父母抚养，自身不具备抚养孩子的能力。因此防止这样的事情发生，学会如何保护自己就更为重要。

家里有男孩子的，应该由爸爸给他讲一些男性生理发育的情况和如何面对，包括如何正确理解和面对手淫的问题。同样也要给男孩子讲性是怎么回事，女性怀孕是怎么造成的，什么样的行为属于性犯罪，如何正确地对待女性，等等。父亲的三观往往决定儿子的三观。一个不懂得尊重女性的父亲，也很难培养出一个有教养的儿子。

在教育孩子的过程中，要避免把性说成是可怕的、羞耻的、丑陋的，而应该告诉孩子，性对于 18 岁以上的成年人来说是美好的，引导孩子向往、追求以爱情为目的的婚姻。

对孩子进行性教育往往是家长和孩子一起成长的一个好机会。为了给孩子正确的教育，家长也要多学一些关于男女身体发育和心理发育的基本知识，自身首先要树立健康的性观念，要从科学的角度给孩子讲性知识，而不是从社会伦理角度，孩子听不懂那么高深的东西。

对于情窦初开的女孩子，先不要给她讲成年男女之间的感情纠葛，她不能理解。青春期女孩子对异性的好奇还没有到想要和异性肌肤相亲的程度。

她顶多渴望帅哥能够冲她笑，喜欢她，想要拥有一个比自己强大的人来保护自己。这个年龄段的男孩子身高发育得比较快，因此高大的身材会给女孩子带来一种拥有他就拥有了安全感的心理，而并不是想要和他发生性关系。

这个时候家长可以利用她这个心态，让她树立一个自我激励的思想，告诉她：要想让你喜欢的人也喜欢你，必须要有令他欣赏、喜欢的能力。学生之间最崇拜的就是学习好的学生。家长完全可以利用她朦胧的性意识，激励起她努力学习、积极上进的思想。随着她年龄增大，再教育她女性要靠自己创造快乐，不要成为精神依赖的思想奴隶。教育是每天都要进行的。

我女儿上初中的时候，我就对她说："你不是喜欢帅哥吗？我也喜欢，让我用我的经验告诉你吧，中学阶段没有帅哥，不信你看看，个个都是一脸青春痘的小矮个，没一个好看的。帅哥一般都在哈佛、耶鲁、麦吉尔、多伦多这样的名牌大学里。因此你要是喜欢帅哥，想让他们认识你，只有一条路，就是努力学习，争取去上名牌大学。那里不但有帅哥，还可能有很多国家的王子呢。"这就是我女儿名牌大学梦的雏形。当然，当她真正去上大学以后，她已经明白自己要去这些大学并不是为了找帅哥了。

可是在她青春期的时候，如果我给她讲努力学习是为了自己的前途，恐怕她也很难想象前途是什么，为什么要为这个自己不明白的事情去努力，所以不如用帅哥更形象直接地满足她内心的渴望。

性教育不是光谈性本身，而是通过性教育让孩子懂得男女之间到底有什么差异，除了第二性征不同，还有什么其他层面的不同。我告诉女儿，男性和她在生理上的不同是由骨骼、激素的差异而造成的，从智力的发育上看没有明显不同。如果女孩子不把精力过多地放在情感上，而是学会发挥自己理性的一面，完全可以在智力上不输于男性。很多成功的女性已经证明了这点。社会发展已经给聪明、渴望成功的女性提供了良好的平台，体力劳动渐渐被机器替代，未来社会也将慢慢进入拼大脑的时代。机器人再聪明也是人设计的，最终不可替代的恐怕只有人类的大脑。

在对女孩子的性教育中，我认为有一个很重要的观点需要告诉孩子，那就是如何面对被强奸的问题。这是我们很多拥有女儿的家长所忽视的。我曾经写过一篇《如何教育女孩子进行自我保护》的文章，就是解答网友应该如何看待强奸问题的。

我把当初网友的问题和我的回答收录在这个题目下，因为很多做父母的很少会和自己的女儿谈论这个话题，造成了很多女孩子，面对这个问题时产生了极大的精神压力，甚至抑郁自杀。

网友的提问：

姐姐如何看待强奸对女性心灵和精神造成的重创？看到一些美剧里面，也是在描述这种犯罪对女性的精神造成的巨大打击。

我的回答：

我认为强奸对女性心灵造成的伤害是否严重，有什么具体表现，与从小受到的如何看待性、看待强奸、看待生命，以至于看待女性自身价值等问题的教育有关。强奸这个行为对中美女性产生的精神创伤可能是不同的。

强奸的概念指出，只要不是女性自愿发生的性行为都算强奸。有些中国女性对婚内强奸并不在乎，而在美国，女性可以把婚内强奸的丈夫告上法庭。是什么原因造成的这种精神反应的不同？

追究其本质，就是从小受到的教育不同。

在我国，女性从小受到的教育是认为婚姻内的性关系都是正常的，而在美国，他们强调婚内的女性也是一个自主的人。他们定义的强奸与女性的婚姻状态无关，只与女性自己的意愿有关。

要教育孩子从心灵到肉体进行自我保护。告诉孩子，真正能够保护她的只有她自己。我告诉她，遇到劫财、劫色的事情她不用过分害怕，一定要冷静地面对，先保护自己的生命，让歹徒拿走他需要的。只有我们有生命，才能将他绳之以法。否则人死了，坏人还跑了，付出生命更不值得。

我要让孩子知道我对这个问题的态度。如果孩子遇到这样的情况，孩子受到肉体伤害已经很不幸了，难道我们做家长的还要强化与该行为无关的道德绑架，给孩子造成更多的精神伤害吗？或者让孩子因为感觉自己失去贞节而自杀或者精神失常吗？

我教育我女儿，在这种情况下保住生命是第一需要，其他的都不重要，过后我们可以选择报警把罪犯送上法庭，她不需要拿生命去抗争。我把一切能够正确面对这种事情的态度说得很清楚，这样她万一遇到此类事情，也不会有太大的心理压力。而且她知道我的态度，一旦发生这样的事情，她也会第一时间告诉我，她知道妈妈永远站在她的后面支持她。我不但是她的母亲，也是她的心理医生。我会和她一起勇敢地去面对这种情况，不会让她一个人孤独地去承受。

做家长的责任应该是尽最大的可能去教会孩子如何保护自己，并身心健康地成长，而不是靠吓唬孩子，给孩子造成更大的精神压力，让孩子没有任何自我保护的能力，永远战战兢兢地生活在这个世界里。

（3）如何培养孩子正确的婚恋观

初恋往往发生在青春期，但初恋是朦胧的，是不带有任何功利目的的，初恋时期的少男少女是想不到婚姻这个状态的。很多初恋男女对婚姻的理解都是来自对父母的观察，或者电视剧。特别是很多女孩子，爱情观都是来自各种偶像剧，往往天真地把偶像剧里面的爱情当作是真实的模板去追求和模仿。一旦发现自己所经历"爱情"和电视剧里面不同，马上痛心疾首地高呼"再也不相信爱情了"，然后进入一种茶不思、饭不想的失恋状态，影响学习，影响身心健康。所以孩子进入初恋状态后家长必须要重视。

在一些老师、家长的思维中，似乎这个年龄段的孩子都不应该有异性好朋友，有异性好朋友必然就是恋爱了，就会影响学习，就会发生不好的事情。可越是这样打压，孩子就越好奇。我自己的成长经历是，我小时候有很多非爱情关系的男性朋友，其实这才应该是男朋友的真正含义。我自然学会了了解异性、理解异性，长大成人以后也能够很好地和异性正常交往、恋爱。

而从小没有经历过与异性正常交往的女性，成人以后或多或少地都有异性交往障碍，自己喜欢的异性无意识地看自己一眼，内心的爱情戏都可以编出 100 集，并开始纠结思念。其实人家真的没有那个意思。之所以出现这种情况，就是因为这些女性从小就没有和异性正常交往过，根本不了解异性的想法，更不懂如何正常与异性相处。

很多老师和家长自己都存在这方面的问题，在他们的世界里面异性只分两种，爱人和陌生人，根本就没有异性朋友这个概念。所以他们就会用自己的标准去评判孩子之间正常的异性交往状态，以成人复杂之心度孩子单纯之意。

一个妈妈曾经和我说，女儿的老师找她谈话了，说她的女儿早恋，还到同学家给同学庆祝生日、喝啤酒，需要好好教育一下。她听完老师的批评，带着一肚子气回来，和丈夫一起教育了女儿，并把孩子打了一顿。孩子立刻觉得自己很委屈，觉得不被老师、父母理解，不愿意继续和父母沟通。这个妈妈很着急来问我面对早恋的孩子该如何教育。

我听了这个妈妈的困惑，发现我想要吐槽的是这个老师。我在给这个妈妈的留言中这样写道：

首先我要说的是，这个老师的做法有待商榷。虽然她的动机是好的，也是希望孩子能够上进，但是她的教育思路有问题。

其次我要说的是，孩子没有错，不能因为老师说她不好就打她。同学庆祝生日，喝了点啤酒并不能说明孩子不好。喝啤酒与孩子变坏之间其实并没有直接关系。

家长、老师也许没有强调过不允许孩子玩儿的时候喝啤酒，没有给孩子讲过为什么她不能喝啤酒。如果没有强调，孩子这个行为就不能说是不好的。家长不让孩子喝啤酒的原因是怕孩子出危险，并不是喝啤酒这个行为不好。

15岁的女孩子爱打扮、爱美，开始有青春的萌动很正常。从人的心理发展来说，当孩子有了性别意识，就会产生彼此的吸引，这是动物的本能。

在这种情况下，孩子受了委屈，就会觉得这个社会上没有人能够理解她，老师不理解，父母也不理解，所以她孤独，要反抗，这才是造成孩子逆反的原因。她是一个非常正常的女孩子，是成人自己的内心戏太多。家长没有真正地从孩子的角度引导、教育她，而对她采取的方式就强行控制和要求。

对于目前的情况，我建议你应该和孩子好好谈谈。她已经15岁了，她什么都懂。只要你说得有道理，她就能够从心里佩服你并且很容易按照你说的执行。因为她不是在被强迫做自己不喜欢的事情，而是她自愿选择去做的。你们应该向孩子道歉，要承认女孩子这个阶段爱美、爱漂亮，对异性感兴趣都是正常的，不是什么变坏，就算是对异性产生好感也是正常的。

作为家长要弄清楚一个问题，初恋发生在这个年龄再正常不过。初恋是美好的，因为不像成人的恋爱那么功利。在某种程度上，和比自己优秀的人产生相互喜欢的感觉，是可以督促两个人共同进步的。一个人如果落后，另一个人就会不再喜欢对方。彼此都怕失去对方的友谊就会让他们共同努力，一起进步。高中学习好的情侣双双考取名牌大学的例子也很多。

作为家长应该表示，不反对积极的恋爱。如果这样的感情影响到孩子自身的发展了，家长才应该质疑导致退步的感情是否真的适合继续。同时要表明，在这点上老师说得不一定对，但是老师有一点是对的，就是希望她努力、要强、上进。这些对她未来的前途有好处。老师的严格要求也是为了她好，只不过方式、方法可能有些欠缺。

家长也应该让孩子知道，老师也不是永远正确的，家长也不能保证自己的观点就一定正确。因此要教孩子从小就学会判断老师说的话，把对自己有用的拿来激励自己，而对老师说得不对的地方不用计较。要让孩子知道家长是她的后盾，相信她清楚自己应该怎么做，因为她是个要强、上进的好孩子。

我相信这番话会拉近孩子和你的距离，她以后遇到什么烦恼都会和你说。只有这样，你以后的建议她才有可能接受，才不会逆反。

我女儿到加拿大的第二年上 7 年级，从 ESL（英语是第二语言）班转到本地孩子班的时候，我约了老师想要了解女儿进入这样的班的学习情况，结果老师用大多数的时间和我谈了另外一个问题。老师曾问我女儿是否有男朋友，女儿羞涩地说没有。老师很奇怪地问她为什么没有男朋友。她的回答是："我们中国的家长是不允许孩子上学期间交男朋友的。"然后她的老师对她说："让你妈妈约时间吧，我要找她谈谈。"她以为是我对女儿说不允许她交男朋友的。

所以我和她的谈话内容是她一直在给我讲，让孩子从小学会和异性正常交往的好处等等，告诉我这么小的孩子口中的男朋友，和我们成人口中的男朋友不是一个概念，所以大人不需要大惊小怪。相反应该鼓励自己的孩子学会和异性交往，因为这样和异性朋友一起长大，彼此可以了解各自的想法有什么不同，为长大为以后正常的成人社交打下基础。

其实这些道理我都懂，我从来没有和孩子说过不允许。后来我问她，谁告诉她中国父母不允许孩子交异性朋友的，她说是她的中国同学说的。

我问她："我没有说过吧?"

她说："没有。"

我问："那你为什么没有男朋友呢?"

她说："你看看我们班男生，又矮又瘦还特讨厌。我不喜欢和他们玩儿。"

我当时就笑了。不知道大家发现没有，白人的孩子小时候很多都是瘦小的，一旦他们发育起来就又高又壮。所以我觉得如果孩子没有这个需求，也不需要强迫。如果孩子有异性朋友，就要正确对待。

国外的教育和我的成长经历有相似的地方。他们不认为孩子有异性好朋友就是恋爱，所以鼓励孩子们大方地去交往。他们承认，每个人在这个年龄段由于生理、心理的变化会有想接近异性、了解异性的渴望。

这个时候，老师们在课堂上会大大方方地给孩子们讲性知识，讲责任，讲如何保护自己，学会对自己负责。正因为国外把性教育放开，所以大部分孩子并没有因为青春的萌动而耽误学习。

国内比较缺少让孩子学会正常社交的教育，等到大学恋爱时已经不是青春期的萌动了，而是有了明确的爱情需求，他们已经成年。中国的大学中，很多男女从小不懂如何建立正常的异性友谊，常常把一个本来很普通的异性友谊弄得很复杂，造成精力的过分牵扯，最后耽误了学习，影响了前途。这样的情况在国外大学并不多见。国外的孩子在初中、高中不影响前途的时候就已经经历过这个时期了，他们上大学的目的就是为了前途，很少有人把精力放在恋爱上。

我女儿在青春期的时候，我从来不教育她如何选择男朋友，而是教育她如何做一个经济独立、精神独立的女人，这是女孩子保护自己最有效的方法。我传递给她的观念就是：

女人的生活可以根据自己的需要选择不同的状态——独身、同居、结婚、离婚。没有哪种状态是具备过度优越感的，自己感受到自己的需要是否得到了满足才是重要的。如果没有需要，就不用刻意选择进入哪个阶段。结婚生子不是每个人必须要经历的一个过程。女人的价值是独立生存的能力。靠自己的能力能满足自己的物质和精神需要的女人才是最容易感到快乐。**爱**

情是随缘的，不是刻意找来的，不需要花精力去找。遇到了自然就会感觉到，没有遇到，做一个不靠他人就能够独立生存的单身贵族也不错。单身未必就一定孤独，除非缺少交友能力，缺少享受生活的能力。如果一桩婚姻会导致生活质量下降，让她不论物质上还是精神上感觉委屈，都请她慎重选择，或者可以考虑离开了。不管她做什么样的选择，我都会永远站在她的身后，尊重并支持她。如果一段爱情让她感受到过幸福和快乐，让她从中学会了如何处理亲密关系，那么就算失恋也值得珍藏美好的感受，而不要活在怨恨当中。随着她自身的强大，她会体会到，生活中爱情、婚姻其实是最容易得到的东西，只要她想要。

07

青春期父母自我培养的重点

对于家中有处在青春期的孩子的家长，我有一些比较实用的教育经验分享。

（1）孩子是否真的必须要上补习班

最近经常和有孩子的家长讨论关于孩子上补习班的问题。家长抱怨孩子好苦、补习班好贵、自己好累。周末孩子要上各种补习班，都没有玩儿的时间，好可怜。既然这么心疼孩子，那为什么还要花钱费力地上补习班呢？

她们统一的回答就是，现在大多数孩子都在课余时间上补习班，如果自己的孩子不上，他就会落后于上补习班的孩子，就会输在起跑线上。未来重点中学、大学就更没戏了。

在她们眼里，孩子只要上了补习班就没有输在起跑线上，或者至少会比不上的要好。这是真的吗？

我和我弟弟都有一个女儿。我女儿 11 岁以前是在中国上的小学。那个时候，中国已经非常流行小学生上各种兴趣班、补习班了。她的很多同学周末都奔跑在去各种补习班的路上。我弟弟的女儿一直在中国，现在也上大学了。我们家这两个孩子，从小学到高中，都没有上过课外补习班。我女儿唯一的课外学习就是弹钢琴，而且从6岁开始，一共学了10年，期间从未间断。但是这两个孩子是不是比上了补习班的孩子学习差，输在了起跑线上呢？

加拿大的孩子想要上名牌大学并不比中国孩子容易，很多加拿大高中生，特别是华人的孩子，为了上一个好大学，也是在高中阶段上各种补习班，其火爆程度不亚于国内。

先向大家汇报一下我女儿不上补习班的结果：她高中毕业以平均分96分被加拿大本地学生首选的麦吉尔大学（当年该校在美国世界名校排行榜上名列第18位）生命工程专业录取，第二年她发现自己对生命工程专业没有兴趣，就换到了软件工程专业。在校期间GPA年年都保持4。大学毕业被一家世界500强公司录用。毕业那年夏天，没有上任何补习班，通过做购买的习题集复习一个星期，GMAT分数为740分，当时世界排名前几名的哈佛、沃顿、斯坦福等录取分数为728分。

我弟弟的女儿也没有上过补习班，被中央财经大学录取。

以上结果至少说明，很多上补习班的孩子可能都不能考出这么好的分数，进入这么好的学校，而我们家没上补习班的孩子却很轻松地进入了名牌大学。为什么我要强调轻松呢？以我女儿为例，她高中时每天除了上课，还要参加学校的各种社会活动，下午到家的时间都是5点左右。回家第一件事情就是练琴，这是她从小养成的习惯。钢琴8级以前，每天练1小时。8级以后，因为曲子难度加大，每首曲子时间长，所以就加到了2小时。剩下的时间，她就是在写作业和上网。

国内很多家长都限制孩子上网，生怕孩子上网以后不学习，但是加拿大的家长无法限制孩子上网。在加拿大，从小学开始，就要求孩子回家查各种资料写 Essay。孩子必须学会利用网络和图书馆去找自己需要的资料，根本不可能被限制上网。到了高中，很多老师上课很少讲课本知识，总是讲着讲着就扩展到一些与知识有关的应用故事，到了下课，没有讲完的知识就要求学生回家自学，不懂的地方老师会安排时间答疑，但是考试却是要考课本里面的知识。那么学生怎么办？

这个时候，很多家长首先会想到给孩子请家教或者上补习班，而我女儿首先选择的是利用网络自学。我不是在国外长大的，我的英文根本达不到辅导女儿课程的水平。她的课本我根本看不懂，她也无法依靠我。从 6 年级开始她就被培养了上网找资源的学习习惯，因此她自然首先就想到了利用网络学习。

我清楚地记得 2010 年年初，她上 11 年级。在加拿大，11 年级的成绩会作为大学录取的评估标准。虽然她的学习成绩一直排在全年级的前三名，但是因为她想上麦吉尔大学，我还是怕她考不上，曾经也问过她是否需要上一个补习班。她说不需要，她可以从网上学习。我问她，怎么从网上学？她告诉了我她的学习方法，比如自学化学的时候不理解里面的一个概念，她就去"雅虎知道"提问。在北美"雅虎知道"里面回答问题的很多人都是来自美国和加拿大各名牌大学的学生和教授。

当时麻省理工学院的一个学生在回答她的问题的时候，给她推荐了几个视频。他说这个视频是他师哥录的，就是为了帮助各种高中生自学，里面数理化什么都有。我女儿从此就跟着这个人的视频学习老师在课堂上不讲的书本知识。后来这个人因为得到了比尔·盖茨的奖励，开办了自己的网上学校：可汗学院。这是一个发布免费公益教学视频的网站。我女儿评价，这个人讲的比他们老师讲的好多了，特别容易理解。

我为此很感谢网络，第一省钱；第二省时间和精力；第三，网络提供的知识远远比补习班老师教授的要多；第四，孩子通过网上咨询，学会了如何与人交流学习，如何得到免费的学习资源。我分析过为什么很多人痴迷于网络游戏，很大一部分原因是通过游戏，他们能与一群有相同爱好的人交流。喜欢网络游戏的人迷恋的其实是和他一起玩游戏的人。他们相互分享、相互崇拜、相互说笑、协同作战，这会让人产生成就感和认同感。

在女儿的学习过程中，我发现了同样的现象。当她在学习中遇到困难，从网络中寻找高手帮助的时候，有些热心的有知识的大学生，因为解答高中生的知识被崇拜而产生成就感，他们就会更愿意来回答问题。而高中生因为得到了解答，也就更愿意去问。慢慢地这些人通过网络建立了一个群体，只不过这群人相互分享、相互崇拜、相互说笑的话题不是游戏，而是各自领域的知识。而我女儿在这个群体里面认识了这些名校的学生，扩大了自己的知识面。因为崇拜他们，向往成为像他们那样的人，自然就会要求自己努力学习。从而进入了一个喜欢自学，喜欢吸收自己不懂的知识，生活态度积极向上的良性循环状态。

很多家长总是不愿意让孩子上网，觉得浪费时间，怕孩子沉迷于网络游戏，影响孩子的学习，宁可把这个时间让孩子上补习班。结果，钱花了不少，家长很累，孩子的人际交往能力也没有机会得到提高。

我思考过，大学的录取标准到底是什么？其实是对 12 年基础教育的知识，孩子是否学懂、学扎实的一种测试，不是一场超出教学大纲的数理化竞赛。我们都参加过高考，就我对高考题的理解，即使是附加题，也不过是测试一个人举一反三的能力，并没有超出教学大纲的范围。

因此教育孩子的重点是要帮助孩子把课本上的知识学懂，理解透彻并能灵活运用。只要孩子能做到这点，也就不需要上奥数班这样的补习班。浪费精力，浪费钱，关键是对孩子的学习能力没有多大的提高作用。

不爱学习的孩子上补习班也没用。我有很多朋友在各类补习班当老师，他们的总结就是，不爱学的孩子上补习班照样不爱学，也学不好。家长总想把教育孩子爱学习的责任推给老师，以为老师要求严格，他的孩子就能学习好。其实这些本来是家长的责任。真正爱学习的孩子的动力往往来自自己内心对知识的渴望，根本不是来自外界的各种压力。相反，外界的压力往往是造成孩子抵触学习的主要因素。补习班恰恰是外界压力的一种。

那么什么样的孩子需要上补习班呢？补习的目的是什么呢？我认为，那些因为课堂上讲课的老师水平不行，造成自己没有学懂课本知识，父母也无能力辅导，自身理解能力不差但是自学能力差，这样的学生最适合去上补习班。这个补习班的目的不应该是提高分数，而是让孩子理解他们没有学懂的课堂知识，培养孩子举一反三的能力。这样的补习班才真正有意义。这样的能力才是孩子未来学习工作最需要的。

一旦孩子拥有了这样的能力，分数提高便不是问题。分数不过是孩子是否学懂的一个结果。分数低，只能证明孩子对这个知识还没有完全学懂。孩子最需要上的不是单纯一个科目的补习班，而是学习能力培训班。不要以为孩子上了补习班就可以避免输在起跑线上了，真正赢在起跑线上的孩子是那些不用去上补习班照样可以轻松考上理想大学，并在毕业后很快可以找到理想工作的学生。

中学期间上网、参加社会活动都不是影响孩子学习成绩的主要因素，相反是可以提高孩子各种能力包括学习能力所必需的。

如果孩子上网只会玩儿游戏，不会利用网络学习，那么应该反省的是家长，而不是孩子。禁止上网的行为简单粗暴，但是并不能提高孩子的学习成绩，而是禁止了一个可以让孩子更好学习的平台。

反对孩子参加社会活动，是在阻止孩子学习未来职业发展的能力。为什么有些本科毕业、硕士毕业或博士毕业的学生参加面试无数，却找不到工作？在竞争激烈的社会，找不到工作的毕业生，算赢在起跑线上了吗？让孩子上补习班是为了什么？是为了上大学吗？如果大学毕业找不到工作，要啃老的话，上不上补习班就没有什么区别。大学毕业生就业难的问题，不是一年两年了，而且以后的竞争会越来越激烈。到底什么可以保证孩子拥有很强的社会竞争能力呢？一定是孩子发自内心的渴望自己优秀，渴望向优秀的人学习和靠拢的这种思维方式。它能让孩子启动自我激励的思维方式去努力。而这样的思想是上补习班能培养的吗？这样的思想只能是通过父母的身体力行传承给孩子。

是什么原因让这些上补习班的孩子输了呢？很显然，是家长的教育思路。

如果家长不去思考如何从小培养孩子良好的学习习惯，而是随大流地跟别人学，最后很可能培养一个模仿家长的生活态度的随大流的孩子。家长们总是觉得孩子的教育是拼钱的，殊不知孩子的教育拼的是父母的教育思维方式。上补习班的孩子不一定就能赢，不上补习班的孩子也不一定就会输。起跑线不是从上补习班开始设立的，而是在孩子出生以后，开始接受父母的教育时就设立起来了，最终是以孩子是否可以独立生存作为判断标准。事实证明，输赢的结果与家长投入的金钱多少没有关系。想要孩子不输在起跑线上，父母必须以身作则。

父母是孩子的第一任老师。父母的思维方式会通过自己的言行影响成长在这个家庭中的孩子。真正需要上补习班的是父母，而不是孩子。如果父母从孩子出生时就懂得如何教育孩子，如何培养孩子良好的学习习惯，那么孩子是不需要上补习班的。

（2）如何对待孩子上网的问题

我们的微信群里曾针对初中、高中的孩子是否应该被允许上网玩儿游戏的事情展开过讨论。

我问他们：为什么禁止孩子上网？为什么禁止孩子玩儿游戏？

群里有这个年龄段的孩子的家长无一例外地给出了下列理由：

上网打游戏属于玩物丧志。孩子玩儿游戏会沉迷其中，从而荒废学业，耽误学习。现在孩子的课业负担很重，还要上各类补习班，时间根本都不够用。如果让他们玩儿游戏，那么他们就考不上好高中、好大学，以后靠什么找工作呢？再说上网会认识很多不好的人，会给孩子带来不好的影响。甚至有些孩子为了玩儿游戏离家出走，为了玩儿游戏抢劫，等等。

玩儿游戏就没有职业发展？很多大学都开设了与游戏相关的专业。一个从来不会玩儿游戏的人根本没法设计出好玩儿的游戏软件。相比于学习与游戏相关的专业，上大学学其他专业时玩儿游戏才是最危险的，很可能因为荒废大学的学业而找不到工作。上高中时孩子玩游戏还有帮助孩子确定专业方向的作用，选择自己喜欢的专业，毕业才会更容易找到工作。而上大学时学一个不喜欢的专业，再去玩儿游戏，那就是毕业即失业的节奏。所以最终找不到工作的，很可能不是上初中、高中玩儿游戏的孩子，往往是上大学不是学与游戏相关的专业但是天天玩儿游戏的学生。

如果孩子因为喜欢玩儿游戏而明确了自己的学习方向和目标，这算玩物丧志吗？让孩子把学习和爱好联系在一起，更容易启动他们学习的内驱力。

如果家长能够理解孩子，能够在这个时候正确引导孩子，鼓励孩子按照自己的兴趣去发展、去努力，而不是盲目阻止，说不定孩子的学习根本不需要督促。他为了实现自己的愿望，靠自己内心的驱动力会很努力地学习。

家长的作用不是发挥控制欲，简单粗暴、不懂装懂地禁止，扼杀了孩子的兴趣、爱好、梦想，甚至创造力。 有些时候，家长逼孩子去学的根本不是孩子的爱好，而是家长自己的爱好。

如果我的孩子喜欢打游戏，我不会阻止。我会引导孩子去学习各种攻略，甚至和孩子一起制定策略，和孩子并肩作战。这样我就会和孩子因为游戏成为朋友。我会鼓励、引导孩子，为了更好地在游戏中战胜他人，就要更好地去学习课堂的知识。我会和孩子讨论游戏的设计缺陷和逻辑不完善的地方，启发孩子对游戏本身的思考，从而让他往自己设计出更好的游戏的方向发展。在这个基础上，我再告诉他，想要学习设计游戏，需要具备什么样的能力和知识，这样才会拥有进入游戏设计领域的资本。我会告诉孩子，我支持他将自己的爱好和未来的工作结合起来。

一个人能够从事自己喜欢的职业是他取得成功的关键之一。如果孩子沉迷于游戏，不单单是孩子的问题，家长也要反思是不是自己的问题，反思自己有没有引导好孩子如何正确玩儿游戏。限制孩子上网也是一样的，如果家长能够引导孩子正确使用网络开阔自己的眼界，从网络上学习更多的知识，那么网络就会成为孩子掌握更多知识的平台。

不会玩儿游戏的家长知道孩子沉迷于游戏不能自拔的真正原因是什么吗？如果不知道，去学习玩儿游戏吧。不亲身体验，是无法理解孩子的。

（3）如何看待孩子之间的攀比问题

很多家长反映，现在的中学生特别喜欢攀比，手机买了一个很快就提出要换新款的，家长很是烦恼，不知道该如何教育。

家长在发愁孩子喜欢攀比的时候，是否想到过这些就是孩子在跟自己的爸妈学呢？孩子是不是在家长和亲戚比、和朋友比、和其他同事比的环境中长大的呢？当家长责怪孩子喜欢攀比的时候，首先应该好好检讨自己，是不是经常在家里说，谁家的房子如何，车子如何，孩子如何，等等。

很多孩子上学以后在学校会因为和同学攀比而觉得自卑，回家要求父母满足自己和同学攀比的要求，给他买这个买那个。父母此时就应该拥有对待攀比的正确心态。如果做父母的自己就有喜欢和别人攀比的心理，是无法处理好孩子这样的心理问题的，还会为自己无法满足孩子的攀比要求而产生自卑，甚至产生对不起孩子的心理。这会让孩子觉得攀比是对的，父母不能满足自己是错的，从而对父母产生怨恨和不满。这是教育的失败。

父母应该明白，简单粗暴地批评孩子是没有用的。孩子不知道为什么别人可以拥有，自己却没有。如果自己想要拥有应该如何思考、如何做。家长批评孩子做得不对的时候，必须要告诉孩子正确的应该如何做。

我女儿小学上的是所谓的贵族私立学校。我们选择这个学校的原因是离家近，当时学校宣传的是名校老师，管理严格。结果里面有很多各种各样背景的有钱人的孩子，班里有学习好的也有学习很差的。这些孩子家庭条件都比较好，平时在一起聊天就会比谁家的房子大，车是什么牌子的。因为整天穿校服，背学校统一发的书包，吃学校发的食品，所以无法攀比这些。

　　我们从来没有教育过女儿关注这些，直到有一天她从学校回来问她爸爸，我们家的房子多大？我们家的车都是什么牌子的时候，我们才感到惊奇，问她为什么问这个。她说中午午睡的时候，同学们都在说自己家的房子和车子，问到她，她什么都不知道，所以回来问问。这个时候，我们意识到了这个学校的风气有了攀比的味道，所以马上严肃地对待这个问题。

　　我们告诉孩子，她的同学所攀比的没有一个是真正属于自己的，都是属于父母的，所以这些比较没有意义。作为学生，真正属于自己的能力，就是学习能力和独立生活能力，这是唯一真正能够拿出来比的。其他的，比如房子、车子、名牌产品等，都是父母努力创造的财富，不是孩子自己靠本事挣钱拥有的，所以比这个都是自己没本事的表现，将来长大也不会有出息。

　　孩子除了父母的东西，自己没有可比的资本。如果真要比，就要和班里那些学习好、老师喜欢的同学比学习成绩。那是自己的真本事，不是靠父母给的。要和这样的同学去交朋友，才能够进步，才能够超过他们，拥有自己的本事。那些想要和你比物质的，你告诉他们："等我们长大了，自己挣钱的时候再比吧。我们要比也要比自己买的，而不是比父母给买的。"

　　我从来没有和人攀比的心理。我从小就是接受独立教育长大，我爸从来不拿我和任何人比。我觉得我就是我，我不需要和其他人一样，我知道自己想要成为一个什么样的人。我的快乐不是来自比较，而是来自我能靠自己的努力满足自己的内心需求。

　　所以我也是这样教育我的孩子的。她从小到大都没有被我们拿来和别人家的孩子比过，因为我不打算培养一个和大多数孩子一样的孩子。在我眼里，她和其他孩子根本没有可比性。我的孩子不在乎物质的攀比，甚至也不会和别人比学习。她只关注自己的学习内容和与兴趣相关的知识。她任何行为都不是因为要和谁去比，要超过谁，而是因为她渴望成功的心态和对自己高标准的要求。在我对孩子的教育上，很少遇到孩子和他人攀比的问题。

不过关于攀比，我曾经因为回答一个网友的问题，而表达过看待攀比这个事情的观点。网友的问题如下：

狐狸姐，现在攀比现象很普遍，大部分人都有这种心理。孩子在一起比学习，同事暗地里比业绩，朋友之间比收入。而且有一种说法是，攀比可以给人带来成长的动力。我自己也认为适当的攀比是有好处的，不知道理解得对不对？

攀比心理的形成与教育有密切的关系。有些人觉得适当的攀比可以激发人积极向上的决心，有益于人的成长，但是我认为不尽然。我认为攀比是一种弊大于利的心理不健康的思维方式。我想区别就在对攀比这个词的深层次理解和定义上。

攀比是指在消费等方面一味比高，不甘人后。注意，这里的"一味比高"是在描述两种状态——不切实际和以他人为参照物。显然这与积极作用是不符合的。积极地鼓励自己向上，通过努力达到切合实际的目标。在中文中有另外一个词是在形容这种状态，叫竞争。竞争是指为了自己的利益而跟人争胜。有人认为攀比和竞争是同义词吗？这不是咬文嚼字，而是中文的博大精深造就了用词的准确性。其实英文中对攀比也有一个非常明确的用词：unrealistically compare。因此不论中文还是英文，对人类这种攀比心理都有相似的解释，那就是攀比是一种不切实际的比较。

学习好、业绩好都是为了获得竞争优势从而实现自己的目标。比如学习好可以得到老师的喜欢，同学的崇拜，进入好的高中、大学；业绩好可以得到领导的赏识，加薪提职的机会。而攀比的目的不过是为了感受自己比别人好而满足了虚荣心而已。所以我认为攀比心态和竞争心态从目的上讲根本就是完全不同的两回事。

我不认为适当的攀比是有好处的。我们应该生活在拥有正确自我认知的客观现实中，应该为了提高自己去参与竞争，获得自己想要的利益，而不是去不切实际地攀比，满足虚荣心。比如，体育运动员想拿冠军的心态是攀比吗？一个人想要在一个领域获得成功的愿望是攀比吗？不是，那是人为了达到自我设定目标的自我激励。他们不会把所有人都当作比较对象，他们只设定一个目标，就是做最好的那一个！而且实现这个目标是有客观标准的，这个标准不因其他人状态的改变而改变。

我从来不攀比，也没有教育孩子用攀比的心态去提高自己。我告诉她，每个人都有自己的优势，她只要把注意力放在自己身上，关注自己，尽量发挥自己的优势，就可以接近或者实现自己的目标，别人如何与她没有关系。比如学习，我从来不让她去和谁比。学习成绩是一个客观指标，即使她得98分，全校第一，也不能说明她就是最好的。因为客观指标是100分才最好。她不能因为周围没有比较对象，就认为自己最好，从而失去竞争的动力。我认为用和别人比来教育孩子上进是不是明智的教育思路。她应该向100分去努力，哪怕周围的人都只得60分，这是她对自己的要求，这种自我激励的心态与攀比实在无关。

我们也会关注学习优秀的孩子，但并不是为了让她和人家比，而是去学习人家成功的经验和方法，从而提高自己的效率。

我观察过加拿大的家长，他们从来不让孩子们之间比学习他们似乎不重视孩子的学习成绩。其实他们也同样重视孩子的教育，不过和我们的侧重点不同。

这里的中学没有国内那样的家长会，这里所谓的家长会就是在某一天，学生家长提前和老师预约，与老师面谈。这个时候，当地孩子的家长都会出现，并和老师谈至少半个小时。他们的谈话中，孩子的学习成绩并不是主要话题，主要话题是老师对这个孩子的感觉，孩子的兴趣发展以及在学校的人际关系如何，等等。所以孩子的家长回来，从来不会说谁的成绩如何，而是会告诉孩子应该在做人上注意什么。

中国的家长会，我想大家都经历过，就是讨论学习成绩和排名，当然这种情况近年来有所改观。而这种排名就造成了家长在孩子学习成绩上的攀比心态。家长回家对孩子的指责往往是为了面子，而不是真的关注孩子的学习心态。他们会说："你看谁谁，人家怎么就能考那么好，你就不能？"

我总在思考，如果都这样比，那么全班甚至全年级第一名的孩子的家长该如何教育孩子呢？他们给孩子设定的目标是谁？如果孩子没有找到可比对象，他的学习动力如何得到？如果他某次考试失利，他的心态会如何？看看那些平时学习很好，但是考大学失利以后对自己产生怀疑甚至抑郁的孩子就知道答案了。

这是一种不太恰当的教育方式。这种教育方式忽视了培养孩子自我激励的能力，而是让孩子靠去关注别人来刺激自己。这也是很多人产生嫉妒、自卑心理的根源。因为达不到，就会受到奚落和自我否定。孩子从小在这样的教育中长大，自然就形成了利用攀比来刺激自己的固定思维方式。

我们应该拥有自己的个性和思想，真正把注意力放在自己身上，去关注自身的发展。我们作为一个拥有独立思想和人格的人，不需要和谁攀比，只需要知道自己想要成为一个什么样的人，需要成为这样的人应该如何要求自己，然后努力按照自己设定的目标去做自己想要成为的人就可以了。至于张三成了什么，李四拥有什么，与我要成为什么样的人没有关系。张三学习好得了100分，和我想要学习好得100分没有丝毫关系。我不应该因为张三得了100分，才也想要得100分。我们应该通过教育激发出自己，不需要攀比，不需要用外界来刺激做陪衬。

攀比的本质，其实是自卑。因为不相信自己内心本来就有渴望美好的需求，总是先要让自己看到美好，才会相信美好，去追求美好。这就如同很多人先要看到别人婚姻幸福、爱情忠诚，才会去追求忠诚幸福的婚姻一样。其实忠诚幸福的婚姻标准就在自己心里，不用通过去和别人比来确定它的存在。

攀比思想是一种被动刺激方式，严重的话会阻碍人格的健全发展。这不是积极主动的人生观建立的教育思路。一个人首先应该被教育成为一个拥有自我激励能力的人，然后在以后的自我教育中去逐步完善自我激励的思维方式。这样的人不会因为嫉妒和自卑而影响自己与人相处时的态度，不会因为自卑而吝惜赞美别人，不会拥有什么都要靠别人的依赖思想，会更加关注自身修养，更加具有明确的生活目标。这样的人更容易达到幸福和快乐的生活状态。

（4）拥有理解孩子的爱才能成为孩子的朋友

很多父母都渴望和孩子成为朋友，但是发现孩子很抵触和他们交流。比如一些妈妈总想加孩子的朋友圈，窥探孩子的生活情况。但是她们不知道，孩子会有两个朋友圈，一个是自己平时和朋友沟通的，一个是专门给父母看的。孩子在这两个朋友圈里面扮演着两个不同的角色。一个是父母最喜欢看的努力上进的乖孩子形象，一个是自由自在地说着朋友都熟悉的网络语言的自己。

当孩子出国以后，很多妈妈突然发现自己的孩子变了，变得完全不认识了。她们也不明白，其实自己已经被骗很多年了，她们来找我，问我和孩子是如何相处的，为什么我的女儿可以和我做朋友，我是如何做到的。

首先，在我和孩子相处的时候，我会主动和她保留一定界限，给她一个自由的空间，这个空间我从来不介入。比如她的日记本，我从来不去翻看；她上网和朋友聊天，我也从来不关注。除非她叫我去看或者让我出镜，我会去看一眼或者配合她的要求出镜，和她朋友打招呼，否则我们都是自己做自己的事情，相互不干扰。

孩子也需要有自己的隐私，如果父母不懂这个界限，孩子是不会真心和你做朋友的。我女儿曾经测试我是否会翻她的日记本，专门在日记本里面夹根头发。但是因为我从来没有翻过，所以我不知道。直到有一天，我老公来加拿大探亲，他因为一个人在中国工作，没有看到孩子的成长，总觉得是遗憾，想要了解孩子的内心世界，就去翻了她的日记本。结果孩子放学回来，发现她夹的头发没有了，因为她知道我从来不会翻她的日记本，所以断定是爸爸翻的。于是很严肃地找爸爸进行了一次谈话。她认为爸爸没有尊重她的隐私权，这样的行为是不对的。最后爸爸承认了错误，但是从此她就对爸爸有了防备的心理。只要爸爸一来探亲，她就把抽屉全上锁。后来我和她爸爸谈了，告诉他这个年龄段的女孩子的心理，她爸爸也表示理解。

其次，我和她有个约定，那就是我不会主动过问她的情况。因为我对她绝对信任，所以她也必须要做到不辜负我对她的信任。我告诉她，我是那种遇到问题会马上积极想办法解决问题的人，责怪对我来说并不能解决问题，所以我是不会把时间浪费在发泄不良情绪上的。因此，她在遇到任何问题，需要我帮助的时候，哪怕是她犯了错误，都不会因为担心我会责怪她而不告诉我。而且如果她遇到任何不开心的事情，我都很愿意花时间倾听；如果她需要我的建议，我也会提出建议供她参考。因为我是医生，也懂心理学，所以我是她最好的免费心理咨询师。我知道，有些事她如果不愿意说，我问也没用，还会让她警惕和反感；她想要和我说的，我就是不问，她也会主动和我说。所以我也不乱操心，就把精力放在自己的工作上。

最后，我是一个没有控制欲的人。**我不会强迫她按照我的想法做任何事情，我会站在她的角度去思考她需要什么样的解决方案，才能满足她的需求。如果我想要她满足我的需求和愿望，我也会先分析她有什么样的需求能和我的需求重叠，对我来说，双赢的方案永远是第一选择。**

我有一个与人相处的原则，那就是我会把除我自己以外的人都当成客

户，而我的亲人则是我最重要的客户。我会像分析客户那样分析他们的需求，我知道只有我首先满足了他们的需求，我的需求才会被他们满足。而孩子是我最重要的"客户"之一。

所以在和她相处的过程中，我一直都没有把她当成是我的私有物品，想让她干什么就可以指挥她干什么。而是把她当成一个拥有独立思想、我最需要取得信任的人生最大的客户，所以我不敢怠慢，不敢发挥控制欲让"客户"讨厌。我会在乎她的感受、她的想法，会站在她的角度帮助她解决问题。我教育孩子的思路和做销售的思路一样，都是以服务客户、帮助客户解决问题为导向，从而最终达到我的目的。

比如当她提出要向摇滚发展的时候，我会先探寻她的想法，然后用闭合式提问，把她的想法引入到我想要的结果上，再陈述我的观点。当然我的观点也是为了满足她的需求。我会告诉她摇滚的真正含义是什么，如果想要学习摇滚应该如何做。这样就达成了销售我的观点的目的。

我避开了很多人容易进入的一个误区，就是总是轻易否定别人的意愿，但是又说不出令人信服的正确建议。否定别人很容易，但是给人一个符合逻辑的建议让人更容易接受，而这就需要动脑子了。我为此去看了很多有关摇滚的知识，她既然喜欢摇滚，也一定也看过类似的东西。不过由于她是孩子，理解力不如大人透彻。我说得有理有据，而且还给她提供了好多避免危险的建议。她觉得我很懂摇滚，才会信服我。

很多大人教育孩子的效果不好，就是因为大人自己都不懂孩子所痴迷的东西，只知道制止，但是说不出来制止的理由，也提不出来有建设性的意见。给孩子的是控制，而不是选择的权利，自然不能够让孩子信服。孩子自然也不愿意和没有共同语言的人做朋友。因此，大人和孩子完全无法产生共鸣。

我女儿上高中的时候问过我一个问题："妈妈，你愿意做一个被人夸奖漂亮的女人，还是做一个被人夸奖聪明的女人？"

我说："我愿意被人夸是个聪明的女人。"

她问："为什么?"

我说："女人都喜欢被人夸奖。如果别人夸我是个漂亮的女人，那么一旦我老了、不漂亮了，就没人夸我了。可是如果别人夸我是个聪明的女人，那么我到死也会有人夸我。如果女人因为听到别人的夸奖而感到快乐的话，夸我聪明，可以使我快乐一辈子。如果只是夸我漂亮，那么因为审美观不同，夸的人数会很有限，而且夸的时间还短，所以我保持快乐时间也是有限和短暂的。你说我说得有道理吗?"

她觉得我说得很有道理，所以她决定做个聪明的女人。

我说："其实年轻就是美，你已经够漂亮了，但是青春短暂，你现在要多花时间让自己变聪明，这样你的优势才能长存，你才能一辈子都受到别人的称赞，你的人生才能一直保持快乐。"

其实帮助青春期孩子成长最好的方法，就是用孩子能接受的方式教育孩子。青春期的孩子特别容易逆反，他们有自己的想法，如果大人用说教的方式进行教育，效果会非常差。这个年龄段的孩子特别喜欢扎堆，重视同龄人的看法。所以我们必须要了解他们的想法是什么，他们需要得到的支持是什么，他们是如何对一个人产生信任的。这样才能真正理解他们，得到他们的信任，进入他们的圈子，成为他们的朋友。

有些大人喜欢用居高临下的思维方式对待孩子，总认为他们是孩子，应该控制他们，不应该给他们自由的空间。这样会让孩子防备和抵触大人走入他们的内心世界。所以我会用孩子能接受的方式和他们沟通，和他们打成一片，甚至一起追星，并从中引导他们。

我女儿曾沉迷于一个电脑游戏，天天忙着挣积分，而没有心思学习。我说："你安心学习，我帮你通关挣积分去，你看如何?"我有一阵子，天天趴在网上帮她挣积分，不仅帮她，还帮她的"下属"。结果她的朋友对她说："你妈妈太酷了，谢谢你妈妈。"

教会青春期的孩子如何珍惜自己也很重要。我和女儿说，作为女人一定要学会珍惜自己，包括珍惜自己的身体。面对男孩子的诱惑，如果你真的不想，你就有权利说"不"。**态度要坚决，不能犹豫**。在和异性交往的时候，时刻要懂得保护自己。不是过渡防范，而是要尊重自己的心。只有懂得尊重自己的女孩子，才会得到男孩子的尊重。

我明确地告诉她，她第一次性生活一定要在18岁以后，因为18岁以前身体没有发育好，容易生病。我告诉她，她的生命对我来说是第一重要的，没有什么可以她的超越生命。我这样的教育不是一次，而是贯穿在她整个成长过程。这样她才会知道生命的意义，才会知道做一个独立自信的女人多么重要。她才会在离开父母的呵护以后，心态健康的独立生存在这个竞争激烈的社会里，而不会感到迷惑或者大惊小怪。把一个孩子培养成为一个健康独立的人，需要智慧也需要付出，这是为人父母的责任。

（5）教育孩子孝顺不如教育孩子学会爱和尊重

2017年春节，我爸爸因为胃部大出血住进了医院，后来我也因为要做一个大手术而住进了医院。我看到病房中很多病人都有家属陪床，但是病人和家属的互动，让我心里非常不舒服。

我爸爸住的是男病房，旁边的一个病人有50多岁，是个大胖子，因为暴饮暴食患了胰腺炎而住院。这种病需要禁食，所以他每天全天打点滴。陪床的是他老婆，一个身材矮小瘦弱的50多岁的女人。这个男人稍微不满意，就冲他老婆吼叫，就像他老婆欠了他什么似的，他老婆也会哆哆嗦嗦地赶快照他吩咐做。陪过床的人都知道，病房陪床都是坐在椅子上，他老婆就这样坐在他床边的椅子上度过了好几个晚上。白天是他妹妹来替换他老婆，他对妹妹也是稍微不顺心就开骂。他的儿子、女儿都在外地，没有回来。

我住的是妇科病房，都是女病人。病房里除了6床是一个30多岁的因为崎胎瘤住院的病人，其他都是50岁以上的需要做各种手术的病人。1、2床是老公陪床，3床是儿子、儿媳、老公换着陪床，4床是护工陪床。1、2床的老公对老伴都很好，也是每天跑前跑后晚上坐在床前陪护。3床的老太太每天会提各种各样的要求，忙得儿子、儿媳、老伴团团转，还是各种不满意。她老伴几乎白天都在，我就没有看他坐下过。他刚要坐下，老太太就让老头干这个、弄那个，不是让老头出去给她买吃的，就是让老头扶她到楼道里面溜达。我看着都替老头累得慌，毕竟老头也是快70岁的人了。

再说我爸爸。他从急诊住进医院时想到的第一件事情就是让我去找一个护工。他告诉我，他不需要我陪，理由是我不如护工专业。但是我知道，其实是因为爸爸爱我，怕我晚上没有地方睡觉，心疼我。我父母都80多岁了，爸爸平时身体很好，就是年轻的时候做过胃切除手术，这次是吻合口溃疡；妈妈曾经摔过一跤导致脑出血也住过院，现在后遗症就是走路颤颤巍巍，耳朵听力下降。爸爸这次住院，妈妈因为帮不了什么忙只能干着急，结果耳朵急聋了。爸爸也担心妈妈自己一个人在家，就让我回家陪着。爸爸是一个心里永远首先考虑别人的人。

我是爸爸带大的，从小就没有接受过长大要孝顺父母的教育。相反，爸爸总是对我和弟弟说："你们必须要学会独立，父母会比你们先老，所以我们靠不住，你们将来只能靠自己，你们能把自己养活好就算对得起我们的培养了。"

爸爸总是身体力行地告诉我，什么是爱，什么是尊重。从小到大，我提任何要求时，都要说明理由，只要合理，爸爸都会满足我；我做的任何事情，只要爸爸认为合理都会支持我，还会教我如何去实现自己的想法。

一直到现在，爸爸都是我实现理想过程中最忠实的支持者。我从没有被阻止过不许做什么，只被这样教育过：你想要做什么必须想好，如果出现这个后果，我们不会为你承担。如果你确定可以承担，你就去做。我永远尊重和佩服你对自己行为负责的态度。

每次爸爸这样提醒我的时候，我都会慎重考虑可能出现的后果，甚至爸爸会提前给我描述一个可怕的后果，让我思考我是否能承担这个后果，而且还告诉我不要心存侥幸，越存在侥幸心理，可怕的后果越有可能发生在我的身上。所以我一旦发现自己不能承担，自然就会选择放弃。但是我会认为这是我自己的决定，而不是他对我的阻止。

正因为我从小接受的都是爸爸给我的满满的爱和尊重，所以我也学会了给父母爱和尊重。孩子就是父母的镜子，孩子对父母的态度就是从观察父母如何相处和父母如何对待自己中学会的。我现在教育女儿的思路，就是在爸爸教育我的方式的基础上改进发展而来的。

当时为了方便照顾父母，我把他们接到我家来住。因为父母有自己的生活习惯，很难改变，所以很自然地就会把他们的生活习惯带到我家。比如他们特别爱收集各类废品，像用过的纸盒子、塑料袋等。以前我家储物室整整齐齐，他们过来以后，储物室很快就堆满了各种大型纸盒子和成堆的塑料袋。

每次看到有人抱怨父母或者公婆住到自己家，都把自己家当成他们的家，把很多不好的习惯也带过来，我就想，这是问题吗？要不就不要让他们过来，要不就让他们在你这里过得如同在他们的家一样。爱父母，不就是要让他们生活得快乐吗？

我是这样想的，我爸爸从来都尊重我的选择，那么我也要尊重他们的选择，给他们留出一个空间，让他们依然可以保持自己的习惯，让他们心里很舒服地生活在我家。这样既方便我照顾他们，也不会影响我的生活习惯。比如给他们一个房间，里面他们爱怎么乱就怎么乱；给他们一个储藏室，他们爱放什么就放什么。只要他们高兴就好。彼此尊重才是爱的前提。

我住院的时候是我一个人拿着东西去的，而且我要做的是一个大手术。旁边的病友问我谁来照顾我，我说我请护工，她们就说："还是让老公来照顾好，有个安慰，要不你心里多孤独呀。"

可是我不这样想。

第一，我一想到我老公整个晚上只能坐在椅子上，帮我盯着输液装置，就心疼。我完全可以花钱雇一个护工做这样的事情，因为这是他们的工作。

第二，我不觉得生病就会感觉孤独，而且手术以后需要静养，老公整天陪着，我还要担心他吃饭、休息，完全做不到静养。所以我决定不需要老公陪。

第三，我的病不是一天两天就能好的，耽误他的工作不值得。我喜欢有事业心的男人，而且我是一个精神独立的职业女性，必须要让老公放心地去工作，也必须要证明我是一个能够照顾好自己的人。所以我会积极配合治疗，早日康复，不让他整天替我担心。

我发现很多孩子从小就没有被父母尊重过，他们都是在父母的控制欲下，按照父母的要求长大的。父母也从来没有关注过孩子的心理需求，没有耐心地了解过孩子，听孩子说过话，和孩子讨论过问题。

一些父母很少能做到身体力行地给孩子爱和尊重的教育。**爱和尊重有一个最重要的表现就是关注对方的内心感受，能够站在对方的角度去理解对方的想法和感受，而不是以爱的名义发挥控制欲。**

对父母的爱，我觉得与其在他们死后放声大哭，不如在他们活着的时候，尽量通过自己的努力让他们生活得快乐。尊重他们的生活方式，尊重他们的生活习惯，帮助他们丰富自己的老年生活。

我觉得人生无悔包括对父母的爱和尊重，对丈夫、孩子的爱和尊重以及对自己的爱和尊重。

（6）与青春期孩子的沟通技巧

有一个朋友曾经给我发了一段对话，问我怎么看。

妈妈："都上了高中了，该使劲学习了。"

儿子："我得留着最后那年。就那么些劲，提前用了就没了。"

妈妈："老师说你没用上全劲，不然成绩会更好。"

儿子："我可不想变成个整天就知道读书的书呆子。"

妈妈："爸妈可没门路，你不好好学习，将来你可谁也指望不上。"

儿子："我从来没想着指望别人。"

妈妈："现在正是关键时候，学习要紧，可不能谈恋爱呀。"

儿子："知道了，说八百回了。"

我听过很多妈妈这样对孩子说。每次听我都替孩子发愁，让孩子使劲，这个劲儿怎么使呢？这句话等于没说。学习是一个积累的过程，不是一使劲就能上去的，不是力气活。只能说这个儿子很聪明，告诉你，他要攒着劲儿最后使，这正好顺着你的意思把学习当成了一种体力较量，如同最后的冲刺一般，平时就先放松着。

如果是我，我可能会告诉孩子，高中三年是一个人自我教育的关键时期。自我教育包括如何看待青春期问题，如何看待学习和未来的问题，如何看待知识和能力的问题。这些都是靠每天每日所经历的事情，所看到听到的事情以及从这些事情中获得的感受，思考总结出来的。高中除了必要的文化知识需要老师教授，社会知识是需要自己去学习体会的。为什么从高中开始慢慢就分化出来有人有能力，有人没有能力，有人会学习，有人不会学习？并不是每次考满分的孩子就一定有能力，但是如果在学生阶段根本不会学习，至少说明他缺少学习的能力。而学习能力是支持人一生持续进步的不竭动力，一个不会学习的人必然会被社会淘汰。

也许在讲这些道理的时候，他可能会举比尔·盖茨大学都没有毕业来反驳。那么可以告诉他，能够考上哈佛的人，就已经很有能力了。况且比尔·盖茨也并没有把上大学的时间花在谈恋爱、看电影这种无聊的事情上，而是把自己的能力充分发挥在自己感兴趣的事情上。哈佛录取学生不单看学习成绩，还要看高中时候的社会活动能力和领导才能。因此，我们可以告诉孩子，如果不把时间用在学习上，而用在参加社会活动提高自己的社会能力上，也不是不可以。可是现在呢？他把高中的时间和心思都用在什么上了？让他自己说说看。

大人和孩子的沟通不应该是单方面的要求和控制，而应该是相互交流。在交流过程中，给孩子讲一些故事，讲一些客观事实，然后提问，让孩子学会通过自己思考得到答案。而不是泛泛地对孩子说："你一定要努力，否则就考不上大学。你要使劲争取考上大学……"要告诉孩子如何努力，具体怎么做，这才是大人应该教给孩子的。孩子还不太会系统地思考，他们对前途是什么还不太清楚，他们还没有远见。大人需要帮助孩子，让他们看到未来，树立远见。要给孩子树立危机意识，让他们了解为什么现在的大学生找不到工作？是不是能力有问题？什么叫竞争？竞争的结果是什么？要给孩子树立独立生存的意识。他不仅要有独立生存的想法，还要弄清楚他要靠什么资本去生存。

比如他说不会靠父母养活。你首先要表扬他，这才是一个真正男人的思想。但是他打算靠什么养活自己呢？他现在拥有什么独立生存的资本吗？一个高中生能够找到什么工作生存？

第二段对话是这样的：

妈妈："儿子，你的电话。"

儿子："男的女的？"

妈妈："女的，说是你的同学。"

儿子："这人不想活啦！怎么敢往家里打电话？"

妈妈恍然大悟："哦，你是不是喜欢上哪个女孩了？难怪最近开始有点变了呢。"

儿子："哪里变了？"

妈妈："变得注重外在的东西了。"

其实青春期的孩子开始注重外在是一种自然心理变化，因为他要吸引异性的关注，同时要和同性攀比，不能比人家差。

如果是我，我可能会这样谈话："哎，最近是不是有什么思想活动？看上哪个小姑娘了？给我说说，怎么样？我很有兴趣。看到我的儿子开始有青春的萌动我很高兴，这个我有经验，说出来我帮你参考参考。你放心我不会阻止你的，只要对你有好处，我一定会帮助你。怎么样？说说。"

如果他不愿意说，你就要经常鼓励他说，不要总是对他说什么不要谈恋爱。青春期的孩子开始有爱的萌动很正常，要正确引导孩子。如果他不告诉你，你连引导的机会都没有。我的女儿，我就经常问她，有没有看上的男孩子？她说没有。我说："其实高中开始喜欢男同学很正常，这是自然心理、生理发育的结果，所以不要不好意思告诉我，如果你看上哪个男孩子，不能拿下，回来告诉我，你妈我在这方面特别有经验，我给你出主意，保证你看上的男孩子最后能够看上你。"结果她说："我真的没有看上的，因为他们都长得太难看了，一脸青春痘，学习也不好，个子还都没我高，我真的看不上。连喜欢我的老师都说，高中的男生都不适合我，适合我的在大学里等着我呢。"我一听，高兴地说："你看这话我也说过吧？那你就努力上一个好大学，里面帅哥随便你挑，都比现在这些一脸青春痘的强。"

我想家长不能和孩子交朋友的原因，就是总是摆出家长的姿态来和孩子沟通。并不是真的对孩子的生活感兴趣，而是为了控制孩子的思想。可是孩子也不傻，他是不会让你的想法得逞的。

父母要更多地了解孩子，才能与孩子更好地沟通，比如了解孩子真正的喜好，甚至自己去亲自体验。我为了和孩子沟通，在她喜欢布兰妮的时候，我听了布兰妮所有的歌，并去了解了她所有的背景资料；她喜欢摇滚的时候，我又去关注她喜欢的那个音乐类型的乐队和歌手；现在她又开始喜欢肖邦，我又开始听各种她推荐给我的肖邦的作品。我必须要对她所喜欢的东西熟悉，这样我们才会有共同的话题。**她所感兴趣的，我没有不知道的。这样她才能在信服我的同时，接受我的建议。如果他喜欢的你都不懂，不感兴趣，那么同样你希望他做到的，他也会不感兴趣。**

5. 最好的教育

经济独立
精神独立
传授
内容

勇敢意念
生存技能
判断思维
持续能力
独处能力
独立生存
成就关键
内驱力
创者驱动
家长 孩子
自我教育 身体力行
强者论

第五章

独立生存能力，成就
孩子一生

认识我的很多妈妈现在都在按照我的方法教育孩子，但是执行过程中总是会遇到这样那样的问题，无法解决。因此她们会不断地给我留言，以寻求解决问题的方法。

我一直认为与其急功近利地讨论如何教育孩子，不如做父母的先脚踏实地地改变自己。父母是孩子的最重要的影响人，父母自身的思想不改变，却想要孩子拥有优秀的思想，这是不可能的。

本书前几章主要写的是，我在这种教育理念下一些具体执行的案例，这章将重点阐述我对我自己教育孩子的主要精神层面的要求。在这里先和大家分享一个我非常认同的符合人类思想发展逻辑的教育理念：

注意你的思想，它会变成你的言语；

注意你的言语，它会变成你的行动；

注意你的行动，它会变成你的习惯；

注意你的习惯，它会变成你的性格；

注意你的性格，它会决定你的命运！

从这段话中不难推理出：思想决定命运。

我第一次听到这段话是在女儿小学4年级的家长会上，当时听到校长在广播里面说这段话的时候，我就迅速地记录了下来。经过仔细地思考和分析以后，我突然明白了自己对孩子的教育重点——基础思维方式的建立。因为有什么样的思维就会形成什么样的命运。我观察了很多生活中快乐的和不如意的人，发现这两类人在思维方式上是截然不同的，所以我非常认同"思想决定命运"的推理，也认定对孩子基础的思维方式教育是重点。

到底是什么导致人生活得不快乐，不幸福，甚至在自我奋斗的过程中遇到很多的阻碍？这些阻碍根源于哪里？有没有可能去掉这个源头，命运就会发生改变？

在传统教育中，很少强调要对孩子进行独立教育，我们提倡的是相互依赖的教育。在家里，孩子从小被教育要靠父母，长大了被教育必须要结婚，要靠配偶。儿女生了孩子也是要靠父母，等到父母老了就要开始靠儿女，就连生二胎的理由也是为了让孩子将来相互依靠，为了自己老了多个人一起照顾。孩子上学后，很多父母都把教育孩子的责任推给学校、培训班，想要依靠老师来把不成器的孩子教育成才。

这样的教育理念造成了我们大多数人，从父母到孩子，没有一个是独立的个体，家庭成员之间界限模糊。很多父母都是打着爱的名义对儿女发挥控制欲。即使儿女结婚成家，父母依然要干涉儿女的婚姻，介入儿女的家庭，对他们指手画脚。很多婆媳矛盾都是因为父母、儿女思想不独立，家庭界限模糊，相互干涉和相互要求造成的。

正是这种界限模糊，家庭关系中缺乏相互理解，最终导致父母认为控制儿女是正常的，儿女也认为不管多大，花父母的钱、让父母给带孩子都是理所当然的。大多数人反而认为家庭矛盾存在是正常的现象，生活中的不幸福、不快乐是正常状态，并习以为常地接受了。

我具有独立生存的理念和精神独立的思维体系。我认为常见的矛盾频发而自己无力解决的生活方式是不正常的。很多人说我的生活幸福是因为运气好，但是仔细看看我写的东西，就应该明白我在孩子的教育问题上，动了多少脑筋去思考，用了多少精力去实施。这个世界哪里有那么多好运气会叠加在一个人身上。我的人生也是自己观察，思考、总结的结果，我不愿意不动脑子去过随大流的"正常"生活。

我从自己所受的教育和经历中获得了很多的利益和感悟，并用同样的思维方式教育了我的孩子，使我们家一直处于一个非常健康的良性循环状态。因此我很愿意分享我对孩子的教育中最重要的一个理念：精神独立。

01

独立生存能力的重要性

孩子的独立生存教育在我国尚未普及。我接触过很多中国名牌大学的在校大学生，和他们交谈的时候发现，大多数大学生根本不清楚自己毕业以后要干什么；考研的理由也是"我们宿舍的人都要考""老师建议我们去报考""父母要求我们去考""听人说本科生找不到工作，所以拿一个研究生学历便于找工作"，等等。很少能够听到大学生对自己未来有一个很清晰的规划。

在谈到理想工作的条件时，他们表示，第一，稳定；第二，距离父母近；第三，挣钱多。很少有人在选择工作时首先考虑这个工作是否对个人的职业能力提升有帮助，对未来的职业发展有好处，自己是否热爱这个职业。这和他们从父母那里得到的教育有很大的关系。因为这是他们是父母的好儿女的证明，是他们让父母满意的选择。

工作以后，他们大多数人没有工作激情，不喜欢自己的工作，也没有奋斗目标，缺乏工作成就感。这种工作态度又阻碍了职业发展和上升，形成恶性循环。

几年前有一个年轻的女性朋友来找我，咨询令她烦恼的问题。

她来自一个小县城，通过自己的努力考上大学，毕业以后被公派到外国工作。她非常喜欢她工作的国家，并受到了领导的欣赏和重用。本来她可以一直在这个国家的中国大使馆工作，并得到职业的上升机会，但是她的父母不断地要求她回国，到他们那个小城市找一份工作。她因不堪其扰而回国，在一线城市找了一份工作。她没有按照父母的要求回到那个小城市的原因是，她所学的专业在那里根本找不到工作。她的妈妈是一个控制欲极强的母亲，不考虑女儿心情的郁闷和对自己未来事业发展的苦恼，又哭又闹地偏要女儿满足自己的要求，回到自己的身边。她从网上找到了我，在和我诉说的过程中，她一直在哭，也一直在问我："我真的是一个自私的人吗？我真的要放弃自己喜欢的专业，回家乡去按照我妈妈的话考公务员吗？我真要去嫁给我妈妈给我介绍的那个讨厌的男人吗？"

在我和她的整个谈话过程中，我只问了她两个问题："你为什么要按照妈妈的要求选择自己的生活？如果你不按照妈妈的要求选择自己的生活会如何？"她告诉我，她从小接受的教育就是一定要听妈妈的话，否则就会受到责骂，这让她时常处于自责和不快乐的状态。她的父母对她的教育就是她不管多大，都必须要生活在父母身边，她的事业前途不重要。她一回家就会被父母安排去相亲，被父母不停地灌输要回家找工作等思想。

我分析过为什么她的妈妈会这样发挥控制欲。她的父母相互依赖、相互捆绑，他们各自都没有独立意识，因此他们也会把这样的思想通过对孩子的施压教育，渗透到孩子的生活中。即使她结婚，有孩子了，她的父母照样会掺和到她个人的家庭生活中。而她也会因为缺少独立的精神，继续过着这样不快乐、纠结的生活。

独立教育在很多人心里只被理解成，子女必须经济独立，然后把钱给父母花。精神独立是不被允许的。因此单身、离婚、不生孩子、离开父母在远方工作等任何显示精神独立的行为都是要被诟病的，甚至要被扣上"自私"的帽子。

精神不独立的孩子往往生活能力也很差，因为他们从小习惯了依赖他人。

很多家庭为了让孩子集中精力学习，从孩子上小学开始一直到高中毕业，家长都是负责早起做饭，下午接送，周末带着孩子奔跑在上各种培训班的路上。孩子在家的主要生活内容就是学习学习再学习。不论成绩好坏，家长对孩子的要求就是"两耳不闻窗外事，一心只读圣贤书"。不许上网、不许玩儿游戏、不许追星、不许玩儿手机、不许找同学玩儿等诸如此类。甚至家务活中那些本该孩子自己干的事情，比如洗自己的内衣、内裤和袜子，都由父母一手包办了。似乎孩子只要上了大学，生存就不是问题。

这样教育、培养出来的孩子，在需要自己独立面对生活的时候，不但几乎都是生存的低能儿，甚至他们的婚恋观都会被影响。因为他们自身生活能力弱，所以就会渴望找一个生活能力强的人来满足自己的生存需要。可事到临头他们就会失望地发现，自己渴望对方拥有的，对方也不具备，双方的心理是一样的，都想从对方身上索取自己不具备的，因此造成相互嫌弃和挑剔。

所以我总在想，这是不是也是目前很多所谓高智商的大龄未婚男女相互看不上的原因之一呢？他们刚进入社会，还没有足够的经济实力，每天需要购买满足生存的基本服务，但是自己还什么都不会干。这样的爱情能走多远？这样的家庭能有多幸福？

在我有了女儿以后，我就想过，我一定不让我的孩子接受这样的教育。我因为爱她，不忍心看到她生活在痛苦和纠结中。我希望她能成为一个像我一样经济独立并且精神独立的人，只有这样她才会真正快乐并不受精神伤害。所以我特别注重培养她的独立思考能力和独立生活能力。

加拿大的大学生只有第一年是可以住宿舍的，第二年必须搬出去和其他同学合租。我女儿在大学二年级的时候和两个女孩子一起合租，住在一个三居室的公寓里面。这两个女孩子都是中国人，一个是和我的女儿一样从小来到加拿大的，另一个是高中以后过来的。那个从小在加拿大长大的孩子会做饭，而那个高中以后才过来的女孩子什么都不会做。她自己说的原因就是，在中国，她从小都是她妈妈早上6点起床给她做饭，她们家的早餐特别丰盛，她妈妈给她蒸包子、熬粥，还炒菜，她从来都是早上起来吃完就走。她来到加拿大读书，她妈妈也陪她一起来了，依然是这样的生活方式。

　　从女儿上初中开始，我就不再起床给她做早饭了，刻意培养她学会安排自己的生活，为她以后上大学独立生活做准备。她每天早上自己做早餐，基本上就是牛奶冲各种不同口味的麦片，面包抹花生酱或者果酱，有时候会煎一个鸡蛋，煮一杯咖啡。自己吃完，把厨房收拾干净就去上学。这个习惯一直延续到现在。因为会做饭，所以她在大学期间都是中午在食堂吃，晚上回家自己做。

　　再看那个不会做饭的孩子。早上因为没有妈妈做的饭，又吃不惯我女儿做的那种早餐，所以早餐从来不吃，中午在食堂吃。刚开始的时候，她晚饭会给我女儿饭费，请求我女儿做的时候也帮她做一份。后来因为我女儿怕浪费时间而不经常做中餐，西餐她又吃不惯，所以她最终放弃了让我女儿帮她做饭的请求，干脆晚上继续在食堂吃，甚至不吃。结果这样折腾了一年，把胃都折腾坏了，她的妈妈不得不跑到学校来和她一起住了一段时间，开始教她做饭。

　　刚开始我女儿听说这个女同学每天早上都是她的妈妈给她做饭，又是包子，又是馄饨的时候，还羡慕得不得了，抱怨说，我不如人家的妈妈那样爱孩子。到后来这个女孩因为经常不吃饭而生病的时候，我再给她讲培养独立生活的能力的重要性，培养吃营养早餐习惯的重要性，她才理解了自己独立而有规律的生活有多重要。通过这件事情，我发现孩子对大人教育方式的理解也是需要时间和经历来验证的。

后来她因为参加学生会工作很忙，不喜欢被打扰，就选择了一个人居住。她周末会把菜买好放在冰箱里，每天下课回家自己做饭，吃完饭写作业、看书，把做饭当作学习一天后放松自己的方式。

我曾经问她是否觉得孤独，她说："我好忙的，每天上课，参加学校活动，有时候去打工，有时候回家做饭、看书，哪里有时间感到孤独。整天觉得孤独的人是有多闲呀。"因为她被培养得很独立，所以，只有大学一年级是我们给她支付学费，而剩下的几年的学费，都是她利用课余时间在社会上打工、帮教授做课题等自己赚的。

我非常鼓励孩子去打工，这可以培养孩子的经济独立意识，为他步入社会做准备。在北美，孩子一般从 16 岁开始就可以打工了，也就是孩子从高中开始就步入社会了。在这点上，出国留学的孩子就已经比当地的孩子落后了一步。当地的大学生几乎都会在假期找工作，而中国的留学生大多数都会回国或者去旅游。

我女儿从大学一年级的暑假开始打工，挣自己下一个学期的学费。她第一个暑假就打了两份工，一份是给他们学校的教授做一个项目，一份是给一个日语学校的校长当助理。同时她还申请了他们学校学生会一个干事的工作。我和老公都怕她忙这么多累着，她天天都乐呵呵地告诉我，通过打工又认识了什么高手、大神，又学会了什么专业高招、职场经验。她觉得每天的生活都特别充实，因为不但能学到东西，自己还有钱进账。

她大学毕业的时候，完全没有靠我们的关系，自己凭能力在加拿大找到了一份令人羡慕的世界 500 强咨询公司的工作。

一般来说，精神独立的人不但自主生活能力很强，工作上解决问题的能力也会很强。精神独立的人是不会依赖别人安排工作或者等待别人安排工作的，他们往往都是那种适应能力很强，能够快速融入一个新的环境，并快速建立自己的沟通渠道和人脉关系的人。

我们和所有的父母一样关心孩子的恋爱、婚姻问题，也和孩子讨论过这个问题。女儿明确地告诉我："恋爱我有过，失恋我也有过。但是你们不用为我担心，这是我成长的必经之路，我能承受得起。我不会因为其他人的言论去选择我不喜欢的生活方式，我有自己的生活态度，更不会因为感觉孤独、无聊去选择恋爱和婚姻。如果有一天我想要结婚，也是因为我遇到了那个让我心动的人。如果那天到了，你们不用问，我也会主动告诉你们。如果遇不到令我心动的那个人，我宁愿选择单身，我现在的单身生活挺好的。婚姻对我来说还没有上升到必需的程度，但是我非常清楚工作对我来说是必需的。我会努力工作让自己拥有良好的物质生活和精神生活条件。所以你们放心，我能照顾自己。我是一个人际交往能力很强的人，拥有很多的朋友，也有很好的异性朋友。只不过我是一个拥有独立思想的人，不需要你们在这件事上为我操心。你们过好相爱的二人生活，健康快乐我就放心了。"

看到孩子的工作成绩，听到孩子的独立思想，还有什么让我们担忧的？很多女性朋友问我是否想念孩子，当我告诉她们不想的时候，她们都特别不理解，觉得我说的是假话。

我很理解她们所谓的想念都包括什么。她们很多时候的想念都和担心纠结在一起，担心孩子的生活，担心孩子的健康，担心孩子的恋爱和婚姻，甚至担心孩子不爱她们，等等。我没有这样的心态，并不代表我没有她们爱孩子。相反，我不担心孩子恰恰说明我对孩子更爱，因为我更信任我的孩子。喜欢和信任是爱的前提。客户喜欢你，才会购买你的产品。男女彼此信任，才会产生爱情。因此彼此信任才是彼此相爱的证明。

我不担心孩子的生活，她的工作业绩和成就已经向我证明，她能靠自己生活得很舒服，而且生活质量很高；我不担心孩子的健康，她天天去健身房，而且生活、饮食很有规律；我也不担心孩子的婚姻，她精神独立，不会因为感情饥渴或者缺爱而去招惹渣男，她是否选择婚姻是她自己的决定，我会尊重她选择的生活状态。她是一个拥有魅力的年轻职业女性。正因为如此，我才能安心地做好我自己的事业，过好我们夫妻自己的生活。

我们未来会越来越老，应该努力做到不让事业正在上升期的儿女担忧，不去拖孩子的后腿。我们应该关注的是如何把我们夫妻未来的日子过得轻松快乐，彼此督促锻炼身体，保持健康，慢慢地感受那种年轻时就向往的"和你一起慢慢变老"的幸福。

培养孩子精神独立最重要的目的就是让孩子生活得快乐和安全。当然，孩子精神独立的前提是父母自身就拥有这种能力，懂爱、会爱。

02

如何拥有独立的精神世界

对父母来说，培养孩子的独立生存能力，比如学会做饭、洗衣服、收拾自己的房间等都是小事情。最难和最重要的事情就是要教会孩子拥有独立的精神世界。这是孩子在独立生存的时候保护自我、远离危害的一个最重要的能力。

女儿上初中的时候，我非常关注她与什么样的人交朋友。我会打听她这个朋友的家庭情况，比如父母从事的职业、家里的人员关系等。我还会让她邀请朋友来家里玩儿，并主动给她们做饭。通过与她们交流，观察她们之间交流的情况，以及她们吃饭时的餐桌礼仪，我基本上可以观察出这些孩子的家庭教育情况，自身教养情况以及心理健康状态。我会建议女儿多与什么样的孩子交往，在交往的时候应该注意什么。

在加拿大，中学生之间有一种在同学家过夜的交往形式，叫 sleepover。如果我知道对方女孩家有哥哥，我一般会告诉我女儿，这样的过夜活动最好不要参加，因为有不安全因素。如果她们俩很想一起过夜，那么可以来我们家里，并且告诉对方的父母，我们家只有妈妈和女儿，让她的父母放心。这样对方也会理解。加拿大中学自我保护的课程里面明确提到：如果对方家有哥哥或者男性人数比较多，那么即使对方的家庭很有教养，女孩子也不要去对方家里过夜。

在女儿的成长过程中，我对她最多的教育就是让她拥有独立生存的思想和方法，告诫她不要总想依赖他人，不要有离开他人就不能活、就不快乐的思想。为此我帮她培养了很多爱好，也从来不限制她上网。她可以在网上找到很多乐趣，比如看喜欢的电影、MV，在雅虎知道上帮助他人解决问题，等等。即使她一个人生活，也不会觉得孤独。

另外，我鼓励她积极参加社会活动和健身，这不但充实了她的业余时间，提高了她的社交能力和工作能力，也让她拥有了健康的身体和优美的身材。所以她不会觉得一个人生活孤独而需要谈恋爱，需要和人一起住获得安全感。她需要和谁聊天，通过网络就可以，和我或者她的朋友愉快地聊天，分享各种有趣的故事或者新闻。

很多女孩不是因为爱情去选择男朋友，而是只要有人追求，就马上绑定情侣关系，然后同居，她们试图通过这种方式获得安全感和幸福感。从小没有接受过独立教育和训练的孩子特别怕独立生活，怕孤独。这是一种很危险的状态，父母需要有意识地培养孩子拥有独立的精神世界。

要让孩子学会独立面对生活，培养孩子靠自己建立内心的安全感，不要给孩子灌输依赖他人的思想。想要做到这些，父母自己就先要学会独立，不要因为怕孤独、怕寂寞而缠着孩子做自己的精神支柱，妨碍孩子独立。父母如果总是教育孩子必须要依赖谁，那么孩子到了一个陌生的地方，首先想到的就是要找一个依靠。然而，他们缺乏一定的社会经验，很有可能遇人不淑甚至上当受骗。

父母在孩子小的时候就要关注孩子结交的朋友圈，让孩子懂得与人交往的界限和分寸，让孩子增强自我保护的意识，学会自我保护的方法。告诉孩子，光有一颗见义勇为的心是不够的，还需要拥有能够战胜邪恶的能力和方法。如果不具备这些本领，要么就去修炼。

不论男孩还是女孩都要从思想教育抓起。男孩子更要注重经济独立和精神独立的教育。因为未来会有越来越多的独立女性参与到与男性竞争的行列，而弱者永远是被社会淘汰的首选项。做父母的绝对不能在男孩小的时候给他灌输要依赖他人的思想。

对于男孩，父母不仅要培养他们的精神独立，更要培养他们的社会责任感。多让他们参加一些社会活动，多让他们承担一些家务，多理解、体谅父母。只有这样培养，孩子才会有家庭责任感和社会责任感。做父母的千万不要把儿子当女儿养，过分娇惯；该吃的苦就要让孩子吃，不要过度心疼孩子。

还要从小培养孩子勇于承担责任的思想。比如孩子犯了错误，只要他敢于承认，并接受惩罚，父母就不要再揪着他的错误不放，没完没了地教育他，而是要表扬他承认错误的态度，夸他是个男子汉，为他这个行为骄傲。这样孩子才会慢慢懂得，只有承认错误，才能改正错误，并注意不再犯同类错误。父母要有严明的奖惩制度，该惩罚的，不能减少。但惩罚不是打骂，而是要让孩子接受一个结果。比如迟到一次，就要每天早到学校 30 分钟，绕学校操场跑步。这样的惩罚，既能够让孩子认识到自己的错误，也可以达到锻炼身体的效果。

精神独立和社会责任感是一个人未来事业取得成功的关键。而生活幸福往往和事业有成密切相关。如果能够让孩子明白这点并做到这点，我们才对得起孩子没经过他的同意就把他带到这个世界上来。

03
内驱力是成就优秀孩子的关键

内驱力对很多家长来说是一个非常陌生的概念。面对孩子的学习和成长，一些家长总是处在焦虑和发愁的精神状态下，不知道该如何引导孩子去热爱学习。

在教育孩子热爱学习这件事情上，很多家长始终都不明白为什么花费了那么多金钱、精力，热爱学习的孩子依然是少数。

很多成年人往往持有这样的观点：我不得不工作，因为我要生存、要养家；不工作就没有经济来源，就无法满足生存需要；工作对我来说是一种无奈的选择。

这种对待工作的态度是消极的、被动的。

这些人成为父母后，依然会用这样的思想教育孩子：你不得不去上学。因为没有文化，你就找不到工作，就挣不到钱，就无法满足你的生存需要；学习对你来说是一种无奈的选择。

家长传递给孩子的是一种对待学习消极的和被动的心态。

在孩子刚进入学习阶段的时候，家长的思维方式会影响孩子对待学习的态度。有些家长认为学习是一件吃苦受累的事情，他们自己都不愿意做，又怎么能影响孩子，让孩子去主动热爱学习，主动热爱吃苦受累呢？

我曾在网上看过一段视频，一个爸爸辅导孩子写作业，整个过程，听到的都是这个爸爸急躁和愤怒的吼声，孩子吓得哆哆嗦嗦，越被骂越写不对。

这样的教育理念，不可能让孩子爱上学习。没有孩子会喜欢听来自父母的这种谩骂和怒吼。

人的本能是趋利避害的，孩子一听学习要吃苦受累，要挨打挨骂，就不会主动选择去做这样的事情。如果一个孩子正在专注地做一件事情，因为想要做好这件事情而顾不上吃饭、忘记了睡觉，动脑筋、想办法战胜各种困难，主动请教高手，学习更好的方法。我们会如何看待这个孩子？他已经达到了废寝忘食的地步了。算刻苦吗？他为了获得成功，动脑筋、想办法。算勤奋吗？他为了学到更多的技能和知识，求师问友。算努力吗？

如果这个孩子用同样的行为对待打游戏。大家又会如何评价？行为方式上没有区别，为什么学习就可以用刻苦、勤奋和努力来形容，打游戏就不可以？道理很简单，家长认定学习是无趣的，游戏是有趣的，做有趣的事情是不能用吃苦受累来形容的，也用不着"头悬梁，锥刺股"，哪怕客观事实就是孩子的行为表现没有不同。是什么造成了家长的想法不同？是什么让孩子在对待学习和打游戏时心态不同？是家长自身对待生活、学习和工作的思维方式！家长自己觉得学习是无聊、无趣的，所以才认为学习需要刻苦、勤奋和努力。但是我想说，如果能够让孩子感受到学习是有趣的、好玩儿的、令他们精神愉悦的，就像他们对待游戏的态度一样，他们会不爱学习吗？

我强烈建议不喜欢打游戏的家长去学习打游戏。别说几个小时，就连半个小时都坐不住，因为你会觉得无聊、无趣。这个时候，你就能够体会孩子对待学习的心态了。因为从一开始，家长就没有让孩子感受到学习非常好玩儿。

我让孩子从小接受的理念，就是学习是一件很好玩儿的事情。比如前面提到过的带她看动画片的经历，不但让她看懂了一个故事，还让她学会了如何扩展到其他领域，了解自己感兴趣的知识和内容。这如同带着孩子去探索一个她好奇的世界，就像《爱丽丝梦游仙境》《千与千寻》中的小主人公那样，寻找自己想要满足的内心需求。在这个过程中，她还能看到很多之前没有看过的，很多有意思的景色、画面、动物、人物、故事、知识等，还可以听到各种来自自然和非自然的不同声音，慢慢地沉浸在满足好奇心，渴望拥有更多知识的内心需求中，发自内心地想要了解这个充满吸引力的世界。

培养她对学习的兴趣是多方面、多层次的，有物质的、有精神的。比如带着她追星，会让她产生学外语的兴趣；带着她看动画片，会让她产生了解音乐知识的兴趣；等等。

这种方法最基本的原理就是启动孩子渴望学习的内驱力。她渴望学习的心理和一些孩子渴望打游戏的心理一样。首先是觉得游戏好玩儿，游戏过程中需要不断提高自己的实力，才能玩儿到底，看到结果到底是什么。其次在游戏的过程中，因为自己的能力不断增强，得到同伴的崇拜和支持，而让自己充满了自信，内心的需求得到满足，就更愿意黏在这个游戏里。只不过网络游戏只能停留在网络，而学习这个游戏是存在于现实中的。

家长必须清楚一个现实：真正的游戏高手和学习优秀的孩子同样是少数。从行业人数上看，从小"刻苦"玩儿游戏，长大以后成为游戏设计专家的成功人士，并不比从小"刻苦"学习，长大在其他领域成为专家的人少多少。不同的是，家长教育孩子学习是吃苦受累的多，而玩儿游戏是吃苦受累的少。对阻力的惧怕心理，造成喜欢玩儿游戏的孩子多于喜欢学习的。

我的教育理念就是：根据自己孩子自身的特点，启动他的内驱力。

对我的女儿来说，不管是她对待学习的态度，对待练习钢琴的态度，还是对待生活中其他需要竞争的态度，都不是我强迫的，都是来自她内心的渴望和需要，并且她能通过调节自己的思维方式来得到满足。这就是内驱力在她身上发挥的作用。

心理学中，内驱力是指在有机体需要的基础上产生的一种内部推动力，是一种内部刺激。有机体会产生各种需要，当需要没得到满足时，有机体会产生自我驱动的能力。内驱力引起反应，反应导致需要的满足。这个定义可以表明，内驱力与外界的压力无关。

很多家长问我："你是如何教育你的女儿要努力学习的？"我直接就说："我没有教育过她要努力学习，是她自己觉得学习好玩儿才去学习的。"她们不信，就去问我女儿："你妈妈是怎么教育你热爱学习的？"我女儿说："我这样说可能对不起妈妈，但是我爱学习真的不是妈妈教育出来的，而是我自己想要了解这个世界。"其实她说的是真的，只是她不知道我的作用就是在她小的时候便启动了她的学习内驱力而已。这样她之后的努力就不用我再去教育了。

我总结了一下，在启动她的内驱力方面我就干了两件事：一个是启动她对学习的渴望，另一个是启动她在社交中定位自己角色的渴望。这两点对她的人生来说是相辅相成的。在她很小的时候，我对她进行的各种条件反射和非条件反射训练的目的只有一个：让她上幼儿园和小学时不受欺负，拥有安全感。这样她才会喜欢去上学，我也能放心地去工作。

我就按照幼儿园老师喜欢的孩子具备的能力和品质，去训练我的孩子，从而达到我的目的。这样孩子不管转到哪个幼儿园，都是班里老师最喜欢的孩子，所以我从来没有为孩子在幼儿园的情况担心过。每次我去接孩子，询问孩子的情况，老师都会表扬她是最懂事的孩子。

孩子上小学以后，我担心她在学校受欺负。我就告诉她小学老师喜欢什么样的学生，比如学习好的，爱帮助同学的。所以只要能做到这几点，老师同学就会喜欢她，她就会拥有很多的友谊和快乐。

对于孩子来说，渴望被有权威的人认可，比如老师和家长，是他们的第一社交需求；渴望友谊是他们进入社会的第二社交需求。因此当我的孩子渴望被老师认可的时候，渴望拥有朋友的时候，她会为了满足自己的这两个需求，而启动内驱力，不需要我要求和强迫，她就非常清楚自己必须要学习好才行。加上她从小觉得学习是件有趣的事情，所以她学习好这个需求就很容易得到满足。

我的孩子拥有这两个内驱力，所以不需要去上什么补习班。我从来不阻止孩子上网、看课外书。她特别会利用网络资源学习，她的知识量早就超过了同龄的孩子。因此她就是不上补习班，学习成绩照样在班里名列前茅。而且，她还会帮助班里学习不好的同学提高学习成绩，把自己的学习方法教给这些同学。因此老师、同学都很喜欢她，不论是在国内还是在国外。

有一个妈妈曾给我留言，说她的孩子上一年级，从来不爱读书，不爱认字也不爱写字，学习主动性特别差，问我怎么办，如何启动这样的孩子的内驱力。

我当时是这样回答她的：

我把我如何培养女儿认字和喜欢读书的经验、心得告诉你吧。

首先要了解孩子的心理，选择一些孩子喜欢的书，而不是家长或者老师喜欢的书。比如小女孩喜欢童话故事，那就让她从读童话故事开始；小男孩可以从英雄故事，像蝙蝠侠之类的书开始。

孩子小时候，要把故事给他读完，让他讲自己听完故事后的感受，并对他的感受给予鼓励和补充。等他慢慢长大，给他读故事的时候，要故意留下一个吸引他还想要听的悬念，利用他想要知道故事结局的渴望，鼓励他认字，学会查字典，自己去了解故事的结局，而不是等待家长告诉结果。这样不但可以激发孩子认字的兴趣，也培养了孩子利用工具去学习自己渴望知道的知识的思维方式。

当孩子认识的字慢慢多了以后，要鼓励孩子把自己的想法写下来。比如他对某个故事的结尾不满意，就要引导孩子写一个自己想要的结尾。不管他写得如何，家长必须鼓励，表扬他的想象力和表达能力。孩子得到这样的赞赏，就会因为兴趣而去学习认字、写字。

其次，在孩子上学以后，不要陪孩子写作业，但是要督促孩子写作业。孩子写完的作业家长要检查，孩子不懂的地方家长要给孩子讲，而不是看到孩子写错了就责怪。这样写作业每次都能够得到好的成绩，孩子自然就会喜欢认真写作业了。

最后就是家长不要总是代劳孩子不会的问题，而是要启发孩子去思考，看孩子不会、不懂到底是因为缺乏什么能力。有时候是孩子的理解能力有问题，有时候是孩子的接受能力有问题，有时候是孩子的记忆能力有问题，有时候是孩子的观察能力有问题……家长先要弄清楚，然后针对这个能力多加训练和培养。

如前所述，我女儿小时候观察力很差，我就注重培养她的观察力。我买了很多培养观察力的书，比如两幅看似一样的画，但里面有几处地方是不同的，需要她找出来。这样练习了一段时间，出门的时候我会让她去观察路上的行人，谁穿什么衣服，谁是什么表情，然后我就用好玩儿的说法说出来，她听着很高兴，也会学着说。我说："你回去后把你现在说的写出来，就是一个很好的人物描述了。这就是你仔细观察的结果。"

慢慢地她的观察能力就提高了，因此再也不发愁写作文，算数的纠错能力也增强了。成绩一提高，孩子的学习热情就会被激发出来。

想要培养孩子的学习能力，家长要么是一个爱学习会学习人，可以传授给孩子一些好的学习方法；要么是一个可以激发孩子求知欲的人，让孩子自己找到一种适合自己的学习方法。

谈到现在的孩子难教育，很多人抱怨90后、00后独生子女自私、怕吃苦、不爱学习、不敢承担责任，甚至用生二胎来解决这些问题。我不太同意给某代人贴标签，我觉得这不是孩子的问题，而是家长教育的问题。很多非独生子女家庭的孩子，照样自私、怕吃苦、不爱学习、不敢承担责任。

我女儿就是独生子女，90后。因为考虑学校和家的距离问题，她从小在中国上的也是所谓的贵族学校。中国早期的贵族学校里，很多学生的家长都是富一代，知识层次差别很大。有很多家长不怕罚款，生了一大堆孩子，这些孩子自私、怕吃苦、喜欢攀比、不爱学习。但是我女儿从来不认为学习是件吃苦的事情，所以也谈不上怕吃苦；她也没有攀比的思想，一直是一个不爱打扮，热爱学习、热衷社会活动，懂礼貌、有修养，喜欢帮助同学，稍微有些内向，但内心不缺乏热情，心理非常阳光、健康的女孩子。现在她已经长成一个经济独立、精神独立，有理想、有抱负的职业女性。她工作第一年就被单位评为"优秀青年领导者"便能说明，90后是可以吃苦耐劳的，并不全是自私自利、缺乏社会责任感的一代人。

还是那句话，孩子人生的起跑线是家长的思维，而不是重点学校、名牌补习班。如果家长还是认为学习就是吃苦受罪的事情，教育孩子是靠吼的，那么不管是90后，还是00后，恐怕都会被培养成不爱学习的孩子。

启动孩子的内驱力，不单纯是为了让他拥有主动学习的动力和与人交往的能力，更重要的是培养他面对自己的需求，思考如何靠自己努力而得到的思维方式。这样在工作的时候，他能用同样的思维方式去启动主动工作的内驱力，会很容易从工作中找到乐趣，而不会觉得工作是一种违背自己内心需要的行为。他会感受到工作给自己带来的精神快乐，会把战胜工作中的困难当作游戏中的各种关卡，一个一个去突破，为了闯到下一关而不断修炼自己的能力。

事业的成功和物质的丰厚不过是孩子享受工作过程中水到渠成的副产品。他工作的目标不是为了挣钱，而是为了每天活得快乐和充实。一个人给自己设定的目标只有大于成功和挣钱，才有可能成功和挣到钱。把追求工作成就感当成是自己精神快乐来源的人才是真正具有内驱力的人。

04

利益最大化的生存方式

当孩子已经具备了内驱力以后，就不需要天天对孩子进行学习上的督促和教育了。我把教育她的重点放在了培养她的强者思维。未来社会，机械化程度越高，人类之间的竞争就会越激烈、越残酷，只有强者才能生存下去。

我要让孩子懂得什么是适者生存，如何放平心态去看待社会和对人对事。

我告诉她，一个生活能力强的人，不仅能把自己喜欢的事情做好，而且也能把自己不喜欢的事情做好。把自己喜欢的事情做好，大部分人都会，而把自己不喜欢的事情也做好，只有少数人才能够做到。而这样的人都具备一种非凡的能力，他们比一般人更理性，有强大的情绪调节和控制能力，有意志力和耐力；善于思考，善于反省，善于总结并改进，善于等待时机的出现。他们为了实现自己的理想，时刻准备着。而这样的生活态度决定了他们未来必定是一个拥有社会竞争力的强者。那么他们的很多需求会在自己追求理想的过程中被一个一个地满足，这是他们能够做到的让人生利益最大化的最佳方式。

学会把不喜欢的工作做出彩，学会和自己讨厌的人沟通和交往，这才是强者思维。我教育孩子的重点不仅仅是帮她发现她喜欢什么，还会帮她看到她不喜欢的事情会带给她什么利益。放弃这个利益，她失去的是什么；得到这个利益；她会拥有什么。在得到这个利益和坚持爱好中，让她自己选择到底要哪一个。也就是说，孩子的选择不是盲目的，她是在清楚选择的后果的情况做出的理性选择。

这样，不论选择什么，她都清楚自己要为此承担什么责任。当她觉得自己能够承担的时候，她的快乐才是真正发自内心的。

谈到强者思维，不得不谈一下父母的性格对孩子的影响力的问题。

一些育儿课程里面有一个论点是，性格遗传中父亲的影响较大。而给出的结论就是，比较而言，父亲的影响力会大过母亲，所以孩子不能缺少父爱，父母都应该参与到孩子的教育中。

这个结论我是支持的，但是用这个结论证明之前的论点正确，我不能认同。

在谈论家里谁的性格会对孩子的影响较大之前，首先要明确一下性格的概念，性格都包括哪些因素。如果每个人都是按照自己的理解去定义性格，那么这个结论是无法验证的。

性格是指人对现实的态度和行为方式中较稳定的个性心理特征。性格是个性的核心部分，最能表现个别差异，具有复杂的结构。大体包括：

（1）对现实和自己的态度的特征，如诚实或虚伪、谦逊或骄傲等；

（2）意志特征，如勇敢或怯懦、果断或优柔寡断等；

（3）情绪特征，如热情或冷漠、开朗或抑郁等；

（4）情绪的理智特征，如思维敏捷、深刻、逻辑性强或思维迟缓、浅薄、没有逻辑性等。

在性格的 4 个因素里面，（1）（2）（4）都是靠后天的训练和培养，与遗传无关，只有（3）情绪特征与遗传因素有关。

如果孩子的性格中，父亲的遗传因素并不是主要来源的话，那么是什么造成了孩子容易被父亲的性格影响呢？

不知道大家发现这样一个现象没有：大家都渴望向成功人士学习并希望自己成功；大家都渴望向名人学习并希望自己成名；大家都渴望向专家学习并希望自己成为专家；大家都渴望向领导者学习并希望自己成为领导者。大家都渴望学习和成为的人必定是社会各个领域中的强者。大家都愿意受到强者的影响，学习强者的思维方式，模仿强者的行为方式。恨不得强者列一个公式，出一本江湖秘籍，大家都能往公式里面一套，照着秘籍一练。不久个个都是行走江湖，立于不败之地的豪侠。

这可以证明，对他人产生影响力的前提条件是此人必定是这个领域里面的强者。这也说明，能够对我们性格产生影响力的，主要不是遗传因素，而是此人身上具备的可以证明他是强者的因素。比如乔布斯、马云等成功人士对年轻人的影响力，来自他们自身的事业成功和个人魅力。那么在一个家庭里面能够拥有影响力的，同样也应该是这个家庭里面的强者，也就是父母谁强大，谁就会对孩子产生较大的影响力，而不是父母遗传因素的作用。

我曾经一个人带着女儿在国外生活很多年，在那个环境中，我是孩子唯一的依靠。她看着我一个人带着她克服很多困难，靠我自己解决很多问题的时候，她除了欣赏和佩服，就是暗暗地学习我的处事方法。因此在她的成长过程中，我是那个对她一生产生巨大影响力的人。

我明确地教育女儿，想要拥有生活的主动权，只能努力让自己成为强者，别无选择。因为机会和资源都是向强者倾斜的。按照我的指点，她考上世界上最好的大学并成为最强的学生，她进入世界上最好的公司并成为最好的员工……

作为家长，我从来不羞于谈论强者生存论。未来人口越来越多，想要自己的孩子生活的衣食无忧，得到真正的生活快乐，我除了把她培养成强者，别无选择。

05

教育孩子最好的方法就是父母身体力行

孩子 6 岁前最主要的教育方式就是父母以身作则。这个时候的孩子听不懂道理，主要是模仿父母，因此父母的言行会直接影响孩子。

我女儿小时候，家里吃什么水果，我都是把好的先给婆婆，女儿就瞪着大眼睛看着，然后她也会学我，拿个水果给她奶奶。虽然她不知道为什么，但是她会去模仿。慢慢地到了 3 岁左右，她开始有了自私的意识，我就会有意识地让她先把好吃的、大的给奶奶，而且我自己从来都是以身作则最后吃。

我还会给她讲道理，为什么要把好东西首先给奶奶。虽然她听不懂，但是只要有机会我就讲，慢慢地这些道理就会印刻在孩子空白的大脑里。

我会告诉孩子什么是爱，什么是相爱。最好的给奶奶，是因为奶奶爱她，奶奶每天照顾她，总是把最好的东西给她。是爱，让奶奶舍得把自己也喜欢的最好的东西给自己最爱的人，而她也应该拥有爱奶奶的心，也能够把自己喜欢的最好的东西给奶奶。这叫相爱。

孩子小时候也知道观察父母，去验证这种知识是不是真的可以实施。这不但是教育孩子的最好阶段，也是启发孩子思考的阶段。比如我给孩子和婆婆大桃子的时候，我会告诉她："妈妈为什么会把又大又好的桃子给你和奶奶呢，因为我爱你们，所以我总想把这个世界上最好的东西给我爱的人，比如奶奶、姥姥、姥爷和爸爸。"然后我问她："你爱我们大家吗？"她会说："爱。"我就说："那你也应该有要把世界上最好的东西分给我们的想法，而不是把最好的留给自己，这是自私的，不好的。你看妈妈从来都不这样做，是不是？"

她在日常生活中会看到，父母会把最好的给她和奶奶，因为我们最爱她和奶奶。而她也能看到，奶奶会把最好的留给我们和她。她就是在这样的观察中，体会到了什么叫相爱，感受到了这样的爱才是最温暖和最幸福的。因此我的孩子是一个非常懂爱的孩子。

还有就是诚实问题。

孩子撒谎有时候就是跟父母学的。比如父母经常无意识的撒谎，孩子都会看到，也会模仿。父母可能因为不愿意去参加某个活动，而随口就说："我病了，我就不去了。"孩子会看在眼里，记在心里，下次就会模仿。孩子一开始撒谎可能是无意识的，但是一旦发现得到了利益，那么以后就会为了得到利益而有意识地撒谎，最后经常撒谎形成习惯思维，影响人品。所以，孩子人品的形成和父母自身的行为和教育密切相关。

孩子3岁以后，四肢和大脑开始协调发展，他们开始有了社交活动，从此以后孩子的成长不仅受父母影响，还会受社会各类人的影响。

特别是上学以后，老师和同学渐渐对孩子的思想形成产生了影响，孩子也开始有了自我教育的意识，他们会慢慢地靠自己不断的观察和思考，来吸收其他对他产生影响力的人的言行来填充和修改自己的言行。

但是这幅画不管怎么改，也是在父母早期勾画的这个草稿上完成的。当一个草稿就是人物肖像的时候，而且这个图画已经画了一半的时候，想要把这个图画改成风景画就比较难了。不是不可以，只是非常难。这和大人改变固有的思维方式很难是一个道理。

孩子未来的品行和发展如何，与家长当初为孩子勾画的架构，和对孩子在这个架构的基础上自己填充的结果进行的监控有关，也就是要随时密切地关注社会对孩子所产生的影响。

树立一个孩子的品行和正确的思维方式是一个长期的工程，多久？至少18年。如果父母用这种思想持续教育18年，也就是说，父母除了打好草稿，还要告诉孩子要画出一幅怎样的图画，并指导孩子一起画，直到孩子完全掌握绘画技巧。当他可以自己画的时候，父母的工作就完成了。

当父母发现孩子是一个非常计较得失的人的时候，请大人们反思一下，自己平时在家里是否有这样的言行和表现。比如多干点儿家务就要计较，抱怨家务活都是自己干的，有多么不公平，甚至要表功；平时工作加班回来就抱怨没有加班费；诉说领导对自己各种不公平的对待等等，都可以给孩子造成潜移默化的影响。

如果家长们自己能把这些事情做好，能够拥有正确的婚姻观，拥有亲人相互关爱的家庭，也就不会出现这样的抱怨，这个时候，再教育孩子如何正确看待事情，孩子也会因为看到父母处理这些事情的方式而学到正确的做人和解决问题的方法。

很多父母在教育孩子的时候，总是喜欢给孩子讲一些自己都不遵循的大道理，造成孩子心理的反感。他们会想：你说得这么容易，你怎么没有做到？比如不爱学习，不爱工作的人，与领导、同事关系处理不好的人，却整天用大道理教育孩子要热爱学习，要学会与人相处。自己一事无成，好吃懒做却整天逼孩子做一个成功人士。这些父母不论大道理讲得多好听，孩子都会把这些道理当成笑话去听，根本不可能去执行。

父母首先要把自己说的大道理执行好，让孩子自己观察父母的言行来体会这个道理是如何执行并实现的，这样才会让他们接受得心服口服。我们要教育女孩子自强自立，做一个精神独立、经济独立的女人。可是如果作为母亲，我们自己都不能做到这一点，孩子们根本就不可能接受。如果我们做母亲的自己事业成功，还能够让孩子看到我们不依赖男人照样可以快乐生活，拥有健康的爱情和和谐的家庭，就不用对孩子讲任何大道理，孩子自然会模仿自己的母亲。因为她看到了这样做能够成功的客观事实，最关键的是，她从自己父母身上看到，这样的思想和言行会得到幸福和成功。她有现成的模仿对象，自然也学会了与人相处的方式。

孩子是否教育得好，让孩子的未来说话，让孩子自己说话。

06

父母的自我教育是孩子成长的助力

（1）作为母亲应该如何对待子女的愿望和自己的愿望

曾经有一位朋友给我发了这样一个问题让我回答：

"狐狸姐姐，我之前看了一篇文章，是关于子女教育的。内容是一位母亲鼓励女儿在国外攻读博士学位，女儿开始是很不愿意，最终还是听从了母亲的话。在这本书里有大量的内容是关于女儿不愿意读，母亲坚持让她读的。当然最后的结果很好，最终女儿读下来了，不仅得到了联合国的职位（最后因为婚姻的问题放弃），而且得以在牛津大学任教。姐姐会这么教育你女儿吗？这位母亲是花了30年的时间培养了她的女儿。但我通篇看下来，女儿都是按照妈妈期望的方向在发展，狐狸姐姐怎么看待这个问题？"

我当时认真地看了她发给我的那篇文章以后，是这样回复她的：

天下所有的父母都希望自己的儿女成才，能够有所作为。很多父母在儿女小的时候就把全部的精力放在孩子的教育和学习上，更多的父母把自己未能实现的愿望也放在孩子的身上，这样就不自觉地让孩子在成长过程中背负了很沉重的包袱，那就是不知道自己有什么愿望，而是将实现父母的愿望作为自己奋斗的目标。这篇文章中所描述的母亲就是这样一个母亲。也许这个母亲认为自己这样做很对，认为是自己的强势要求才让孩子得以完成了博士学位，得到了一份好工作。她可能觉得自己是一个成功的母亲。可是我很想知道，这个孩子自己的愿望是什么？他（她）是否实现了自己的愿望？他（她）在完成父母亲的心愿的过程中，自己享受这个过程吗？她快乐吗？

我也有对女儿的期望，我希望我女儿未来上哈佛，上哥大。说实话，那就是我曾经的没有实现的梦想。所以我和千万父母一样，把实现这个梦想的期望放在了还有可能实现梦想的女儿身上，在女儿自己没有明确的理想的时候，我也是给她灌输要为上哈佛、哥大努力的思想。在女儿10年级的时候，她们上了一门课叫"职业规划"——老师们教孩子们思考并选择一个专业。在加拿大，从11年级开始，就要按照所选择的专业来挑选11年级、12年级的课程。除了数学、英文是必修课以外，其他的必修课要根据未来所学专业选择。

那时我问女儿："你未来的理想是什么？"

她当时也不太清楚，就说了一句话："我想要成为有钱人。"

我说："那好吧，你知道在这个国家做什么人可以满足你的想法吗？"

她说："律师、医生、商人。"

我说："那你就从这里边选择一个吧。"

她说："我不喜欢当医生，我怕血。我要么当律师，要么当商人……我还没想好，要不我先选法律吧。反正学法律和学医，还有学商在11年级的课差不多。"我当时想，她选择的这三个，都和我的愿望不冲突，而且是她自己选择的，那就让她按照自己的想法去做吧。这样她学习也有动力。

她11年级选修了法律课，同时也选修了生物课和一些商科课程。上了一个学期，她发现自己对法律一点儿兴趣都没有，她不喜欢背那些法律条款，也不喜欢分析判断那些法律案例，她觉得枯燥无味。而她却发现自己喜欢生物，她对自然科学产生了兴趣。但是这个时候，她还没有确定自己到底要学什么。她对我说她不喜欢法律，她喜欢生物，可是她咨询了老师，老师告诉她单纯学生物出来很不容易找到工作，因此无法实现她要当富人的理想。她问我怎么办。

我说："要不这样，也许你现在的法律老师不好，讲课不生动导致你不喜欢他。你再选一学期的法律，同时你也选商科的课，把你喜欢的生物也选上。如果一年以后你还是不喜欢法律，那我支持你放弃当律师的想法，去选择生物或者商科。"

结果这一年她遇到了一个对她职业选择产生重大影响的人——她的生物老师。这个老师是一个快退休的老头儿，毕业于多伦多大学生物系，曾经在一个生物制品公司工作过，后来又去上教育学院，然后就到他们学校来当生物老师，而且这个老师的女儿就是这所高中毕业的。这个老师课堂上给孩子们讲了很多教科书上没有的知识，特别是给孩子们讲了大量的关于基因的知识和基因研究的发展，这引起了我女儿强烈的兴趣。她经常和老师探讨这方面的问题，这个老师借给了她很多基因学方面的书籍，女儿每天回来都看得如痴如醉。

有一天，她对我说："妈妈，对不起，我知道你很希望我当律师，但是我实在不喜欢学法律，现在我终于找到了自己喜欢的专业，我要学基因工程，我对这个学科非常感兴趣。"

我说："你不用对我说对不起，我希望你当律师，是因为那时候你还没有自己的想法，我只是觉得从事律师职业有助于实现你当富人的理想。但是你考虑过吗，你要学基因工程，很可能就不能实现你当富人的理想了？而这个学科你喜欢，你可能会工作得很愉快，也不会觉得累。你觉得是工作让你愉快重要，还是钱更重要呢？"

她说："这问题，我也考虑过很多次。我最后的结论是：愉快对我更重要。如果让我当律师，我虽然有钱了，但是我不会有什么发展，因为我不喜欢这个职业，那我可能就不会用心了。而学基因工程，可能会很辛苦，也没钱，但是我会因为自己喜欢就不在乎一些物质享受了。有很多伟大的科学家，他们并没有钱，但是他们因为喜欢自己的专业所以做出了很大的成绩。我想当科学家，我希望你能支持我去实现我的理想。"

说实话刚听到孩子做的这个选择我心里是有些不适应的，但是我也很高兴，毕竟一个 16 岁的孩子可以完整而准确地描述自己的理想，并做好心理准备很不容易。说明她真的开始思考自己的前途了，她找到了自己喜欢的职业。她说的理由也很充分，我有什么理由不支持她呢？后来我们经常讨论这个问题，因为这个暑假一过，她就读 12 年级了，年底就要开始申请学校了。

我为了进一步确定她是否认真考虑了自己的选择，我问了她对自己这个职业的规划，她这样告诉我："我都想好了，我打算先在加拿大申请这里生物专业最好的学校。上本科，学生物。毕业后去考医学院，因为基因这个专业是属于医学专业的。医学院毕业，我打算申请美国 Johns Hopkins University，那是美国基因工程专业最好的大学（编者注：即约翰斯·霍普金斯大学，简称 Hopkins 或 JHU），如果我考不上，我再选择美国其他的名牌大学。"

我说："你知道，你选择的这条路有多难吗？这可比当律师、当医生都难。你知道这里的医学院多难考吗？"

她说："我知道，可是如果我不去努力，不去试，我怎么会甘心呢？"

我听到孩子已经有了如此明确的奋斗规划，不管她是否可以实现，我都很欣慰。

我对她说："你放心，我永远支持你经过认真思考的选择，我希望你在未来遇到困难的时候，能够继续坚持你自己的理想。如果你需要我在后面提醒你，鼓励你，我一定会做的！"

她说："妈妈，其实我心里很矛盾，我知道你对我的期望不是这个，我也很想去做你想让我做的，可是我也很想成为我想要成为的人。我觉得我好像辜负了你的期望，我心里有些愧疚。"

我说："你不用愧疚，我对你最大的期望就是，你能够成为一个自强自立的，可以独立生活的女孩子。你从事什么职业对我来说真的不重要，最重要的就是你能够生活得快乐。哪怕你生活得很艰苦，但是你的内心是快乐的，你就会感觉很幸福，不是每个人都能做自己喜欢做的事情。如果你能够成为一个仅靠自己就能生活得快乐的人，你就是实现了我对你最大的期望。如果你找到了一个自己喜欢的令自己满足的职业，我和爸爸一定支持你，你不要因为你的选择不符合我们当初对你的期望而感到抱歉。如果你自己选择了一条路，但是因为你怕吃苦，怕困难而没有坚持，那个时候你才真应该感到抱歉，不过不是对父母，而是对你自己。当你超过 18 岁以后，我和爸爸都不会再对你的任何选择负责，你必须要对自己的所有选择负责。我们现在要教你的就是，在做任何选择前，你必须学会用自己的大脑去思考，去考虑自己是否可以承担自己选择导致的一切好或不好的结果。你听懂我说的了吗？"

女儿认真地点头说，听懂了。我说："好了，你不要再为你没有选择律师专业而感到对不起我了，我为你能够做出自己的选择感到非常高兴。需要我鼓励的时候告诉我一声，我一定为你加油。"女儿如释重负地笑了。

这就是我作为一个母亲在面对自己的愿望和孩子的选择发生矛盾的时候的做法。尽管我的孩子还没有到 18 岁，还在我的监管之下，但是我依然会尊重孩子经过了深思熟虑的选择。作为一个妈妈，我能做的就是，在确定孩子考虑周全的情况下，帮助她完善自己的计划，而不是否定她的选择。

我想过，也许未来她考不上医学院，或者她在上大学途中会有一些心理变化，毕竟她正处在一个思想动荡期。但是只要我能够确定她的想法是经过深思熟虑的，而且她对自己未来可能遇到的困难也都充分估计了，我依然会尊重她的选择。

毕竟18岁以后，她的快乐、她的选择、她的生活我无法左右，她是个独立的人。一个孩子坚强的意志力一定要在小时候就培养好，到了成年再利用孩子害怕失去父母的爱的心理去控制孩子，孩子就会失去真正的快乐。

很多孩子上了大学依然没有理想，不知道自己到底要干什么，这与他们的父母在他们青少年时期对他们的教育有关——父母只重视孩子的学习成绩，忽略了孩子对自己成长的思考训练，忽视了对孩子在心理发育过程中的引导。

一个母亲花了30年培养一个女儿，说明女儿成年以后依然还要接受母亲的"培养"。这体现出两个问题：第一，这个女孩在该独立的时候无法独立；第二，这个母亲培养一个成年的女儿，有以爱的名义"要挟"女儿替自己完成愿望的嫌疑。

对我来说，如果我女儿继续深造需要我出钱，我会毫不犹豫地支持，但是我不认为那是我在继续培养她，而是我对她自我教育的物质支援。但是在精神上，我不会因为我给她钱就要求她按照我的意愿去做事，因为她在精神上已经是一个独立的人了。否则只会培养出一个极度需要精神依赖的女性。

一个30岁了还不得不依赖学历没有自己高，见识不如自己广的母亲的思想生存，我觉得算不上成功。在成年以后，不能按照自己的意愿去选择自己喜欢的生活，这是我不愿意在我女儿身上看到的。

我的女儿18岁以后必须独立，这也是为什么我在她18岁以后把她一个人留在北美的原因。她独立生存的教育，在她18岁以前我已经都做好了。这最后的两年，就是给她一个"实习"的过程，我只不过在旁边略加指导。

她成年以后的道路必须要她自己走，磕磕碰碰是难免的，但是不能因为怕孩子会磕磕碰碰就永远不撒手。有这种想法的母亲本身是有极强控制欲的，我也时常提醒自己不要成为那种母亲。

（2）我们应该如何看待成功

现在各种成功学鸡汤充斥网络、大学校园，甚至成为父母教育孩子的紧箍咒。很多人来问我到底什么才叫成功，如何看待大家励志的榜样乔布斯，如何看待马云的励志演讲，如何评价他们的成功，等等。

我没有看过乔布斯的自传，也没有听过马云的演讲，我看到的是别人笔下的乔布斯。没有看过任何乔布斯自己写的内心感受，都是通过别人采访他以后呈现的乔布斯。在这些人的笔下，乔布斯生活得并不快乐，他缺乏安全感，不懂与人相处，孤僻固执，他的成功来自于他的研究成果给社会的贡献。

我不知道他是否生活得快乐，我能看到的客观事实是，他是一个成功的发明家和商人。我想说，如果我们培养孩子的目的是让他（她）成为一个成功的商人或者发明家，那么光看乔布斯的成长经历是没有意义的，因为他是一个个例，我们要看的是大多数成功的商人和发明家在成长过程中的共性。我们按照这些共性来培养孩子，孩子才有可能（注意是有可能）成为一个成功的商人或者发明家。

但是，如果我们培养孩子的目的是让他（她）成为一个快乐的人，那么我们就要看这个世界上大多数生活快乐的人都有什么共性。我们要将这些共性归纳出来，并运用到对子女的教育上才有意义。

我教育孩子的目的是，让他（她）成为一个生活得无怨无悔的快乐的人，而不是成为一个成功的商人或者名人。我很少从教育孩子的角度去关注成功的商人、发明家或者政治家，更多的是从我所从事的市场营销的职业角度去研究成功商人的营销模式。大众眼里"成功"的人不一定生活得快乐。如果我从教育子女的角度去关注一个成功人士，那这个人一定事业成功并且生活得快乐，因为那才是我希望我的孩子成为的人。

我为什么不把乔布斯的成长经历作为教育孩子的参考？

因为，发明家往往大多数都是天才，而我们的孩子大多数都是平庸之人。在先天条件上，我们的孩子与天才有很大的差别，这就如同你的孩子即使按照郎朗的方法练钢琴也很难成为郎朗一样。

人群的分类是纺锤形的，天才都是极少数，人少就没有借鉴性。对于我们大多数人来说，我们属于中间最庞大的部分。我们需要借鉴的是，在这个庞大部分中，我们如何通过努力成为接近天才方向的那部分人。

我比较关注真正生活快乐的人的共性，因为我希望我和我的孩子也成为那样的人。这是一个大群体，并不是个例，因为对教育孩子有很强的借鉴性。

我不渴望我的孩子成为乔布斯，但是我渴望我的孩子能和千千万万生活快乐的人一样无怨无悔地独立坚强地走完自己的人生之路。我希望在我离开这个世界以后，她依然不感觉孤独地和朋友、爱人快乐地生活在一起。

在我教育孩子的思想里面，没有要求她必须做一个成功人士，只有对她必须成为一个人见人爱的"红花"的训练。因为我想要我的孩子人生中最主要的是快乐，是无憾。

如果她所追求的快乐的人生里有对事业成功的渴望，她自然就会努力做到事业有成，因为追求事业成功的过程就会带给她快乐。我相信不管乔布斯也好，马云也罢，他们首先是对自己所做的事情充满了热情，并从中体会到了快乐，而成功不过是他们追求快乐生活的一个副产品而已。

如果大家都认为他们做这样的事情是为了做一个成功人士，那在我看来确实是本末倒置的思维方式了。

案 例 分 享

1. 姐姐给我的育儿启示

认识狐狸姐姐很偶然，2009 年春天我还未婚，一个行业内的朋友在 QQ 群里转发了一篇狐狸在天涯发的关于《婚姻保卫战》的帖子。看了之后觉得这个人的观点很新颖独特，而且很有道理。我对她有了好奇心，在网上找到了她的论坛——快乐贫协。夏天我的工作发生了变动，我转到了一个新行业，忙得没有时间上网闲逛了。再次去网上找她已经是 2011 年，这个时候我已经结婚，也有了 1 岁的女儿，每天处于睡不醒的状态，白天上班，晚上等孩子睡后偶尔上论坛看看。

这种状态一直持续到 2013 年下半年，那个时候我的女儿 3 岁，上了幼儿园，我发现她非常胆小内向，不叫人，也不和小朋友一起玩，却会打人或者抢小朋友的东西。回来问她她也说不清楚，我一着急语气重了她就有逆反心理，向我发脾气，我记得有两次自己还被气哭了。

当时我有点焦虑，就想起狐狸姐姐，于是去论坛看她的一些帖子。当时子女教育版块帖子比较少，我陆续地看了一些，只得到一些表面的启发，并没有解决我在孩子教育问题上根本的焦虑。2014 年整年我都非常忙，经常很早出门加班到半夜，对孩子关注少了很多，这一年女儿也发生过几次"小叛逆"。2015 年初再次去论坛的时候发现已经有微信群了，我果断加入了群。

进了微信群，才发现姐姐也在群里，而且经常发起一个个话题。她说话幽默风趣，会发很多可爱的表情，当时一个话题引起了我的注意，我看了以后获益匪浅。这是个关于带孩子看动画片的话题。姐姐后来将该话题内容发布在她的微信公众号里，话题的名字叫"做父母的，你会带着孩子看动画片吗？"

当时我的女儿刚过4周岁，但我很少和孩子一起看动画片，我都是把动画片放好让她一个人看，自己去做家务、干工作或者玩手机。就像姐姐文章里说的那样，这样做的目的其实就是不想让孩子缠着自己，自己可以干一些自己的事情。

从来没有想过要了解孩子的世界，要做和她有共同语言的好朋友，不知道让孩子看动画片能够培养她什么样的能力，让她一生受益。

当时姐姐在群里提了一连串问题，大家都哑口无言："当你们爱一个男人的时候你们会千方百计地去了解他，想知道他的兴趣和内心想法，想和他有精神上的共鸣。如果你们爱孩子，为什么不去了解孩子的内心世界和他（她）感兴趣的东西？如果你们不爱孩子，为什么要生孩子？难道孩子只是你们的玩具和养老工具吗？"

当时我看了内心特别震惊，就像被人打了一个耳光，因为我想起自己只是偶然怀孕了怕打胎疼而决定生下孩子，我感到前所未有的羞愧。

意识到了这点之后我立刻做出了改变，按照姐姐教的方法和女儿一起看了日本动画片《千与千寻》。我发现这个电影真的特别好看，从里面可以得到很多人生的启发，还能从中欣赏久石让的经典音乐。我和女儿一起看了很多遍，边看边讨论。

看到千寻不敢走入隧道的时候她的妈妈并没有去抱她，而是用对待大人的语气让千寻自己走过去，而千寻真的做到了。我问女儿："小萌你觉得千寻勇敢吗？""嗯，千寻很勇敢，妈妈。""她本来有点害怕的，但是却自己一个人走过去了，是吗？""是的，妈妈。她好棒。""那小萌你想像千寻一样勇敢吗？""我想像千寻一样勇敢，妈妈！"

后来千寻的父母变成了猪，千寻只有在小镇找到工作才能留下并救她父母出来。于是我和女儿又讨论了一番。

"小萌,你看千寻的爸爸妈妈都变成猪了,你知道是为什么吗?"

"因为他们偷吃食物,而且吃得太多了。"

"小萌观察得真棒,说得一点都没错。你看大人也会做错事情的是吗?所以小朋友要学会自己想问题,不能光听大人的话,对吗?"

"对啊,妈妈。"

"而且你看,贪吃的话就会变成猪哦,所以我们不要贪吃,对吗?"

"对呀,妈妈。"

"你看千寻为了能够留下来工作特别坚持,你觉得她棒吗?如果她不坚持,汤婆婆肯定不让她留下来的,所以坚持好重要的,对吗?"

"嗯,妈妈,我也会坚持。"

"小萌真棒,就像千寻一样。你发现了吗,千寻很有礼貌哦,她对锅炉爷爷还有客人都很有礼貌,所以就连无脸男都喜欢千寻,是不是呀?"

"是的妈妈,河神还给了她一个药丸呢。"

"小萌观察得真仔细,妈妈都没发现呢。我想河神肯定是对千寻很满意才给她的,因为千寻不嫌他脏还认真给他洗澡。如果小萌也是个认真的孩子的话,肯定也会有很多人喜欢呢。"

"嗯,我也要做个有礼貌又认真的人。"

"小萌,你发现了吗,无脸男其实很可爱,他很想和千寻玩,可是他不说话,千寻不明白他的意思,大家也都以为他很坏呢。"

"嗯,我可不要像无脸男一样不说话,这样就没有朋友了。"

"小萌,《千与千寻》里的音乐好听吧?"

"好听啊。"

"妈妈从网上查到,创作这些音乐的人叫久石让,他是日本非常有名的音乐家哦,宫崎骏很多动画的配乐都是久石让创作的呢。"

"哇,妈妈,那久石让和宫崎骏都好棒哦,我也要做个很棒的人。"

我和女儿就这样一个细节一个细节地讨论，看了不下十遍，还用同样的方法看了别的动画片，效果非常好。女儿变得爱说话了，更开朗了，经常说自己要像海绵宝宝一样快乐，要像《海洋奇缘》中的莫安娜一样勇敢。我带她去迪士尼玩的时候，她一听音乐就能说出它出自哪部动画片。

　　我体会到姐姐的方法太有用了。

　　我看了姐姐在搜狐博客写的《我们培养孩子特长究竟是为了什么》一文后，果断给女儿报了拉丁舞兴趣班。就像姐姐在文章里说的那样，上兴趣班的目的不光是让孩子学会一门特长，更重要的是让孩子在学习舞蹈的过程中，经历和体验从不会到成功需要付出什么样的辛苦，忍受什么样的寂寞和枯燥，如何控制自己的欲望和情绪。每次上课我都亲自接送，并表扬和鼓励她在上课时的表现。

　　一年时间，她从一开始不太喜欢上课，总站在最后一排，到喜欢上课，站在了第一排，还做起了小老师。我问她是怎么做到的，她说："妈妈，你不是告诉我，只要我想做的事情努力去做就能做好吗？我心里想，我要去第一排，我要做小老师，只要上课认真照着老师教的做，老师就会表扬我，让我去第一排了。"

　　"呀，小萌你真棒，原来认真做事情不难，是不是呀？你跳得这么好，老师一定很喜欢你吧，得到老师的喜欢你开心吗？"

　　"妈妈，我好开心，我喜欢这样。"

　　"嗯，那咱们就继续认真学习吧。"

　　"好的，妈妈，我会坚持的，我要做我们班最棒的人。"

　　姐姐说育儿其实是育己，想要孩子做得好，做父母的自己首先要做好。于是第二年，我也报了拉丁舞班，每周两次和女儿一起上课，风雨无阻。我们一起讨论舞蹈的步子和姿势，分享各自上课的趣事，我们都认识了新朋友，得到了成长和友谊。

就在女儿学习舞蹈的第二年年底，老师建议她参加全国少儿拉丁舞比赛。我想起姐姐说的，应该让学习特长的孩子参加比赛，让孩子体验什么是失败、成功以及看到比自己有才华还比自己努力的人有多少，让孩子知道竞争的残酷。

于是我和女儿决定参加比赛。比赛的时候我报名做了领队，这样能在内场近距离看到女儿在场上的表现。她很淡定，在台上完全没有紧张。三场比赛下来，女儿拿了两个一等奖和一个二等奖。她的老师非常激动和惊喜，坦诚地跟我说女儿平时上课不是最好的，但她的学习态度很好、很认真，所以才建议我报名。

我也特别激动和意外，我以为女儿最多拿个三等奖，因为她很内向，我担心她第一次参加大赛会怯场。拿奖之后，我问女儿比赛的时候怎么那么淡定，不紧张吗？女儿开心地跟我说："妈妈我有秘方，我把赛场当作上课的教室，你知道吗？"我听了特别佩服她。

学舞蹈两年，女儿已经从胆怯、内向、不爱说话变得非常爱笑、自信、开朗了。以前她不爱搭理人，现在却很会交朋友。而我也在学习舞蹈的过程中，体会到了坚持的不容易。我更加坚信姐姐的方法了。

女儿上小学后，我谨记姐姐的教育思路，在学习上主要引导她的兴趣，激起她主动学习的愿望。女儿很快适应了小学的节奏，上课很专心，不做小动作。回家做作业时，我会和她一起梳理作业，讨论先做哪个后做哪个，哪种题目容易设"陷阱"，该怎样识破这样的"陷阱"，等等。做作业对她来说就变得非常有趣。

姐姐说不要总对孩子说好好学习，要培养孩子学会做人，做一个令人喜欢的人。因为在学校，学习好就会得到老师的喜欢，学习好又爱帮助同学就会得到同学的喜欢。如果孩子想得到老师和同学的喜欢自然就会好好学习。我平时经常在生活中有意无意地灌输给女儿这样的思路，女儿执行得也很好。她每天回来都会很高兴地和我说学校发生的事情，自己表现怎么好，又和谁成了好朋友。

虽然入学时间不长，但女儿很喜欢上学和做作业，就连生日许愿都是希望自己学习更好一些，交到更多的朋友。我想如果她一直有这样好的心态，她一定可以成为一个令人喜欢的优秀的人。

我还把这样的思路应用在女儿生活的方方面面。游泳、骑车、打羽毛球、玩双杠，这些看起来很小的事情她都能做得很好。她收获了同学的羡慕，也越来越快乐和自信了。她会准时睡觉，哪怕去了外省的外婆家，到了晚上九点她也会去二楼自己睡觉。我有次问她："你不害怕吗？"她说："我不害怕呀，我知道妈妈就在一楼呀，千寻都敢一个人走墙外面的管子呢。"

姐姐经常说到爱。培养孩子的过程很琐碎，只有真的爱孩子，才有耐心和孩子一起做他喜欢的事情，理解他的行为并耐心地引导他。

有次女儿问我："妈妈，为什么×××（她的同学）玩的时候总是喊她妈妈看？"

"也许她想让妈妈关注她吧，你看她妈妈总在旁边玩手机。"

"就是，她妈妈都不看她。"

"小萌也喜欢妈妈关注你，对吗？"

"嗯，不过我知道妈妈一直都看着我呢。"

"是呀，你做什么事情妈妈都会关注。如果你做得好，妈妈会表扬你；如果你做得不好，妈妈会帮你一起找到方法做好。妈妈爱你，你知道吗？"

"嗯，我知道。我也爱你，妈妈"。

我曾收到过女儿给我的一个礼物，那是她在课间手工做的一本小书，里面有她自己画的画和写的字。画的是我和她，并用汉字和拼音稚嫩地写着："我妈妈说我棒得不得了，我爱你妈妈。"我看了之后感动得泪流满面。

姐姐说她的一生都可以感觉到爸爸的爱，爸爸在她背后默默地关注着她做每一件事，她也是这样对她的女儿的。我备受鼓舞，也在努力学习做一个强大的妈妈，可以有能力在女儿背后关注和支持她想做的任何事情。

感谢狐狸姐姐，感谢你这么多年不厌其烦地分享自己的育儿思路，让我明白什么才是真爱和如何爱我的孩子。我爱你。

依依

2018 年 1 月 1 日

2. 小 D 的 3 ~ 6 岁

认识姐姐有很多年了，一开始的时候是在网上看姐姐分享的文章和回答的问题，受益匪浅。正式接触是在 2013 年，我第一次参加姐姐的线下培训课程。姐姐满满的热情和正能量，深深地吸引和影响着我。

在 2015 年的 6 月，我又有幸参加了姐姐的线下培训课程，带着满满的问题和懵懂去，然后带着满满的收获而归。这些对我的影响特别大，也对我的孩子、我的家庭产生了巨大影响，我的收获是超预期的。

我很庆幸遇到了姐姐，并学到了姐姐的育儿理念。如今，小 D 已快 6 岁了。看得出来他很快乐，发自内心地快乐。他性格开朗，有礼貌，有很强的内驱力；他有很多梦想，会为自己的梦想而努力坚持；他热爱生活，对世界充满好奇，乐于学习新知识；他有自己的思想和主见，遇到问题总是会积极主动地想办法解决，也很乐意和我们分享、沟通。当然，他也少不了这个年纪的调皮。

回头看看这几年和小 D 一起成长的历程，我特别感慨，也特别感谢姐姐分享的育儿经验。这些经验具有很强的适用性和操作性。

先来说说打高尔夫球吧。

小 D 2015—2017 年的记录：

2015 年，公历平年，共 365 天。3 月接触 4 月迷上，5 到 8 月每天打球 0.5 ~ 2 小时，9 到 12 月共打球 2635 个。

2016 年，公历闰年，共 366 天。打球 330 天，共打球 13651 个。

2017 年，公历平年，共 365 天。打球 343 天，共打球 16637 个。

2018 年，未完待续……

2015 年，小 D 刚满 3 岁。一次偶然的机会，他接触到高尔夫并疯狂迷上了这项运动。而对此很陌生的我们，一开始当然是抵触。不过有幸请教了姐姐之后，我们便走上了一段特别的路程。这段经历特别的宝贵。

到 2018 年 3 月，小 D 打球已近三年，三年中我确实体会到姐姐说的：

培养兴趣和特长，目的是培养孩子从小树立学习什么就要坚持到底的毅力。在学习过程中，他一定会经历烦躁、痛苦、劳累、紧张、批评、表扬、成功等各种体验。这其实就是一个浓缩的人生。孩子能在学习技能的同时，提高自己的生存能力，比如忍耐、坚持、不放弃、舒缓不良情绪、合理安排时间等未来工作生活所必需的能力。

还记得 2015 年，3 岁的小 D 刚接触打球那会，他兴趣特别浓厚，基本上每天都去，努力练球，不用大人操心。可没过多久，他就不想去了，想放弃。于是我采用在姐姐那学到的育儿理念，想尽办法引导他，让他保持兴趣；也听了姐姐的建议，和他一起学打球，成为肩并肩的球友，共同进步。

还记得我打球成绩第一次超过他时，他不停哭闹的场景。而如今，小 D 已经可以很真诚地去赞美他人，和他人一起分享学习经验。现在，他也是我的小小教练，小 D 在教我的过程中，一直特别有耐心，不断地给我讲解、示范，并让我多尝试，鼓励我不放弃。比如他常说："妈妈，不错，有进步了呢。来，再试一次，加油！"

也还记得，我们那会经常聊天。在聊天过程中，我会抓住一切机会去启动他的内驱力。久而久之，小 D 尝到了甜头，自然就会找到打球时的成就感，慢慢形成习惯，自动、自发地去努力、去坚持，并很快乐地享受这个过程，进入良性循环的状态。

每次打完球后，我都会及时跟他沟通。

比如问他努力后成功的感受，或努力后却失败的感觉，并鼓励他继续加油。

我会运用所学的逻辑知识，去分析、去提问，和他讨论目前面临的问题是什么，我们应该怎么办，如何根据具体情况做好优化，等等。

现在的他，基本上是自主练习，因为他明白了为什么要打球，并懂得了坚持的意义，体会到了努力带来的快乐和成就感。在这个过程中，他已经慢慢学会了：如何去思考，如何让自己变得更棒；如何去努力，如何让自己变得更快乐。每天，他很努力地练球，还有很多创意点子让自己在练球中找到新的乐趣。他不断地进步着、快乐着。

说到比赛，小 D 从 5 岁开始就参加一些大大小小的各类比赛，增长了见识，也认识了很多很棒的小伙伴。作为年纪较小的参赛选手，他在收获奖状（奖牌）的同时，更收获了友谊、成就感、竞争意识以及正确看待成功和失败的心态。这些对于 5 岁的他来说，真的是一笔特别宝贵和巨大的精神财富。

他第一次参加全国赛的时候，表现超预期。有时一天要走三四个小时的山路，天气也是阴晴不定。他在这样的情况下完成了比赛，而且还很快乐，我真的为他感到高兴和骄傲。

小 D 在日复一日的练球以及比赛中养成的这些好品质、好习惯，影响着他的方方面面，带给他和我们很多的惊喜。后面将会提到。

可能会有人说："你家孩子有天赋啊，有兴趣啊，所以能坚持，能做好。"

那接下来我就分享一下小 D 是如何对待那些自己没有兴趣，甚至讨厌的事情的。

一个是演讲。

他从一开始不会说或只会说几句话，到现在讲得停不下来；从一开始特别稚嫩的声音，到现在流畅自如的声音；从一开始不太愿意到现在主动录各种节目。他有了自己的专属广播电台：日记系列、作文系列、成语故事系列等，特别地开心。目前有记录的电台音频已将近300段了。

他能很清晰地描述一件事情的发展经过，很生动地讲解一个成语故事，很幽默地表演一段脱口秀，很形象地模仿一段动画片，很轻松地谈电影观后感，很自豪地录下一首歌，等等。我也和孩子一起尝试着玩各种花样。

而这个过程，锻炼了他的沟通表达能力、记忆力、逻辑思维能力；培养了他坚持的习惯，发掘了他更多的潜力，让他学习了更多的知识，增添了更多的快乐；也让我更加深入地了解了孩子。

总之，像姐姐说的那样，和孩子一起玩，可以给孩子打开一个新世界，也可以给自己打开一个新世界。动脑的世界，越来越美好，也越来越快乐。

另外一个就是小D讨厌的画画。

小D 2015年画第一幅画时，连线条都画不太好。于是我准备了一个笔记本，从他第一幅画就开始记录，编上序号，让他有成就感。而经过不同程度的引导和鼓励，如今他每天会特别快乐地画一幅画，并讲解自己画的什么。他说画里有很多自己的梦想，自己的设计，还说以后长大了要按自己的设计做产品，他认为这是一件特别棒的事情。

还记得他一开始画时，不管画得如何，我都会很积极地鼓励他："今天比昨天有一点点进步，就特别好，只需要再坚持再努力就好了。"

就这样，一天、一个星期、一个月、一年……他坚持画了下来。

比如画污水处理器，他会用心设计、思考，怎么样才能更好地利用设备去处理污水，达到环保、循环利用、方便大家等目的。

比如画潜水艇，他会设计它的功能，可以坐多少人，怎么方便大家使用，等等。

比如画高尔夫球场，他会思考设计成几星球场，有多少树、多少沙坑、多少水障碍等。

比如画别墅，他会设计成几层，里面还有机器人等很多先进的设备。

小 D 为我们讲解自己的画时，也会边讲解边修正，随时加入自己的新想法，特别认真，也特别快乐。在这个过程中，他学到了很多。通过日复一日的努力，从原本讨厌、一点也不会，到现在可以设计产品，他认为自己进步了，很快乐，也愿意继续坚持去做这件事。我想这是一种他人无法给予的发自内心的成就感和快乐。

另外在这个过程中，我也沿用了和打球一样的教育方式，和小 D 一起学习画画。如今的我，画画水平也有了很大进步，自己也很快乐。孩子成长的同时，我也进步了，这是真正的双赢。

所以，天赋再好也抵不过持之以恒与永不言弃。

接下来说一说语言学习：英语和韩语。借助于网络资源，小 D 收获特别大。

早在 2017 年 6 月时，他自己就背完了一本厚厚的英语故事绘本。而学习的方式就是自学，一直延续到现在，仍然在进行中。最初我找了很多网站和 APP，让他尝试，找到适合自己并觉得不错的留下来，并坚持使用。

一开始只是游戏式地让他有兴趣去玩，进而在过程中学一些东西，后面就涌现了很多想法和办法。我没有要求他去背，只是每天在电脑上玩一会、学一会，学会一课的时间不限。当小 D 认为自己会读了就照着读，读得流利顺畅就算过关。渐渐地他适应了这种方式，从最开始一两个星期学会一课，到后面几天就能学会一课，有时更快。

记得他背完最后一课时，兴奋地对我们说："爸爸妈妈，你们快看，我背完了一本书了啊，我好厉害，是不是?"看着小家伙开心地摇晃着手中的书，我们也很高兴。

而韩语相较英语来说学得少一些，也是借助于网络，像玩游戏一样学习一些对话一些词组，会觉得特别有意思，有兴趣。这也得益于姐姐的育儿理念，要学会利用资源，授人以鱼不如授人以渔，教会孩子学习方法，比教会知识更好，慢慢地孩子就学会了这种思路，就会更加的融会贯通，达到一个良性循环。

除了兴趣爱好，在其他知识学习这块也有很大的收获。

现在，小 D 有很好的阅读习惯，喜欢去图书馆借自己喜欢的图书，会废寝忘食地读好长时间。记得有一次周五，我们去图书馆还书，结果他发现了一本非常感兴趣的书，于是我提醒他，晚点回去可能没有时间看电视了，结果他开心地说："没关系啊，看书更好啊！"现在的他，已经认识很多字，能独自阅读很多书。

每天上班前，我会在家里的小白板上出一些题，小 D 放学回家自己做一做。比如数学题，从写数字到简单的一位数加减，再到现在的多位数加减，每次他学会一样，都会马上告诉我："妈妈，你出得太简单了！我们可以开始下一关了！"

一直以来，我要给小 D 的感受就是：这是个可以进行通关的游戏，这一关通过后可以进入下一关，比如写字母 A-Z，比如写偏旁部首，等等，都是这样的游戏模式，他会觉得特别有趣。每天少而精地进行这种学习，让小 D 渐渐意识到积累的力量，她一次次地通关，感觉特别快乐，对学习特别感兴趣，态度积极主动且认真。

他不仅在努力学习文化知识，同时也熟练掌握了很多生活技能。

从开始的不会，认为自己做不到，或是做不好，到现在，他会自己铺床、刷牙、洗脸、洗澡、折衣服、打扫卫生、洗衣服等，他能安排好自己的日常生活，也会很好地去享受生活。

比如周五电影日，晚上他会自己从冰箱端出水果、饮料、零食，放在茶几上，打开电视，选择自己想看的电视节目，自己享受这样的时光，特别地快乐。

同时，他也很懂爱，很会关心家人，照顾家人，也时常表达爱。

在我看来，教育孩子和自我教育，是有联系的：我教会孩子很多，孩子也教会我很多。

现在的我们，不仅是母子关系，我们也是朋友、球友。我们互相分享各自的世界——我们的工作，我们的生活，我们的学习。我们共同进步。比如我们一起研究马桶，一起研究世界上最快的跑车；我们一起在路边观察研究店铺，讨论分析生意的好坏……

积累，是一个缓慢的过程，慢到你甚至会一度觉得做不下去。可一旦坚持下去，你会发现收获良多，超出了自己的预期。

最后，我还是想说，姐姐的育儿理念真的特别好。这些思想不仅可以用在教育孩子上，也可以用在自我教育上，可以帮助我们更好地成长，让我们在工作中、生活中、学习中变得更好，更快乐。

Kitty

2018 年 1 月

3．我为什么要让孩子参加比赛

2017 年，还不到 7 岁的然然参加了 3 场比赛，分别获得了智慧家总校区跳绳一等奖、全国少儿书画大赛金奖、外国语大学阅读之星北京市总决赛一等奖。然然越战越勇，每次获得的成绩都超出我们的预期。我感觉谁都不能阻止她前进的脚步。

然而，2016 年的然然还是一个普通得不能再普通的小女孩，用她的话说，她就是班里第二圈的。2016 年然然刚刚上学前班，班级里有好几个表现非常突出的同学，然然很形象地画了一个班级排名分布图，图形是类似于我们打靶的靶心，分外围和中心人物。中心人物就是表现最好的几个，最外围的是表现最差的几个。

她非常精准地指出自己的位置：妈妈，我在第二圈！而且是在第二圈的边缘线上。

为了安慰我，她给那个表示自己的点上画了一个向内的小箭头："妈妈，我在向第一圈前进！"可她有时候也会说："第二圈也挺好啊！我为什么要进第一圈？"

机会很快就来了。2017 年 4 月初，然然告诉我"智慧家"要办一场大型运动会，每个小朋友都要报一个项目，她报了跳绳，我当时就觉得有点发怵。因为，很有远见的我老早就教过她跳绳，但是教了两次都是人跳绳不跳，绳跳人不跳，最后的结果是娘疯娃哭。

我小心翼翼地问："你为啥选跳绳啊？不是很多项目吗？"

然然淡定地说："老师说报拍球的人的太多了，他让我报跳绳。"

我心想，我闺女心理素质好。

是夜，我拿出《瘦狐狸经典语录——学习特长的孩子有必要参加比赛吗？》细细研读，里面说道：

"我不知道我女儿未来是否也会和大多数人一样，从事平凡的工作，即使她从事平凡的工作，我也希望她能够在平凡的工作中有所创造，可以自我激励，并能靠自己的努力获得成就感，这样她才会感到工作和生活上的乐趣。可是如果她从来都没有体验过这些感受，她如何知道怎么做才能体会到这些呢？因此我发现给她设定一个目标，让她去努力达到这个目标，是给她创造体验这些的一个平台和机会。于是我带她参加比赛，让她看到那些比她有才华还比她努力的人有多少；让她知道竞争是多么残酷；让她明白不努力就会被淘汰，努力就会超过曾经比她好的。只有让孩子从小明白这个道理，才能让孩子懂得什么叫竞争和努力奋斗，才能激发孩子自我激励的内在机制，她自己就会因为害怕被淘汰而努力。她的比赛成绩对我来说根本不重要，而她参加比赛的心态，面对失败或者成功的心态才是最重要的。"

这些话让我茅塞顿开，我看着熟睡的然然，心中已然有了打算。

第一步，让孩子知道这是他自己选择的，她要对自己的行为负责。我温和地对然然说："既然你选择报了跳绳，那咱们是不是该好好练习？"然然说："是。"

我继续引导："那咱们要跳就好好跳，如果上去不会跳，就没必要参加了，你说对吗？"

然然点点头。

我继续说道："要跳好就需要不断练习，我们每周跳三次怎么样？隔一天练习一次？还有两个月，我们可以跳24次，你肯定可以提高不少。"

她表示同意。

当时我们就下楼练习，可是由于基本动作还掌握不好，一分钟只能跳20次。我看她灰心丧气的样子，鼓励她说，没关系，改天接着练。

没想到第二天她回来很兴奋，说体育课老师教跳绳了，她用老师的方法现在一分钟可以跳50次！我表扬了她，并趁热打铁，立刻派出在体育方面有天赋的老公指导。老公立刻带她下楼，回来又给了我惊喜然然一分钟已经能跳80次了。我们俩在饭桌上狠狠地表扬了孩子，并告诉她："你通过练习还能更棒！"很明显，孩子更有信心了。

后来在学校老师和老公的联合指导下，然然最后每分钟可以跳140次了。但是跳绳的过程是枯燥的，稳定到140以后，基本上没有提升了，所以她就不想跳了。

这时候除了鼓励，还要利诱。我说："你想不想拿第一名？"然然说："我肯定拿不了第一名。"我说："这可不一定，因为你根本就不知道竞争对手的水平，而且比赛最重要的是稳定，你自己也发现了，状态好的时候就跳得多，心一慌就跳得少了。如果你坚持练习，到时候稳定发挥，拿下第一名的话，妈妈奖励你100元！"她立刻有了动力，在比赛前一周我们每天都要到楼下模仿比赛跳几次，我看她稳定在每分钟140次左右，心里觉得有底了。

比赛总是一波三折。先是不允许用自己的绳子，而比赛专用绳很长，裁判帮忙缠绳子的时候缠错了，导致比赛开始后，绳子不断地缠手，一分钟下来才跳了50次。在线外观战的爸爸和我立刻冲进赛场，向总裁判说明这个问题，总裁判允许再单独给然然测一次。参加这个跳绳比赛的人很多，一共有三波人，每波大概50人，然然是最后一波，后来又单独给然然加赛。没想到加赛后，总裁判说现在场上出现了两个并列第一，就是然然和另一个小男孩。所以又加赛一次，在他俩之间决出第一。

决赛时，满场的观众都激动了，全都从看台上冲下来看两人比赛。只见赛场上然然裙角飞扬，沉着快速地跳着，脚步并不慌乱，我和她爸爸在场外录像，到底跳了多少完全不知道。

只听裁判说：停！然然和那个小男孩都累坏了的样子，总裁判举起然然的手："第一名179！"又举起那个小男孩的手："第二名178！"全场的吃瓜群众都沸腾了，我和然然爸爸激动地拥抱在一起。再看然然，面带着自信的笑容在领奖台上领奖。

比赛结束了，我问然然："这次比赛得了第一名你开心吗？"

然然说："开心啊！"

我问："那你知道为什么你能得到第一名吗？"

然然："……因为我一直练习？"

我："这确实是得第一的条件之一。没有你坚持练习，保证每次都跳到140次以上，你这次肯定跳不了这么多。但是除了这个还有两个非常重要的条件。第一就是换绳子，绳子缠坏，你第一次才跳了50多个，如果这时候爸爸没有冲进去和裁判争取，你的成绩就是50多个。所以，属于自己的权利一定要积极争取，否则这次比赛给你的将全是非常失败的感受。第二是你在跳绳的时候妈妈发现的，那就是很多孩子都是来"打酱油"的！很多人连基本的动作都不会，就来参加比赛，这不是注定要失败吗？参加比赛能拿什么样的名次一定程度上也是由对手的水平决定的。但很多家长不知道这个道理，都是无所谓的态度，这对我们来说就是机会！他们越不认真，我们就越认真，这样我们赢的盘面就越大。"

然然似懂非懂地点了点头。我心想："没关系，以后妈妈会带着你不断实践和体会，让这些话深深地印在你的脑海里。"

　　2017 年 7 月，然然一直上的画画辅导班组织大家参加中国少儿书画大赛，让大家选出自己认为比较好的作品参加比赛。然然回来征求我的意见，我从她众多画作里面选出一幅，然然想了想，命名为"星空倒影"，我觉得非常切题，表示大大的赞赏。

　　2017 年 9 月 1 日开学典礼那天，书画大赛的评比结果出来了，然然拿到了金奖，我们两个开心地庆祝了一下。

　　高兴之余，我问她："然然，原来和你一起画画的小伙伴还有谁？"

　　然然说："贝贝、九九、灿灿。贝贝和九九早就不画了，上次和九九玩，九九的画看起来还和上幼儿园时一样，很幼稚。灿灿虽然还上课，但是总是不来。"

　　我："那你知道你为什么拿奖了吧？"

　　然然："知道了，因为我一直在坚持。"

　　我："除了这个，你还记得暑假我们参加的国家动物博物馆的鸟类绘画课程了吗？那个对你有什么影响吗？"

　　然然："有很大影响。通过这个课程，我把观鸟和绘画结合起来了，在素描技巧和造型能力上有了很大提高。还有就是我更喜欢观鸟，也更爱画画了！知道的鸟类知识也更多了！"

　　我："然然你真是太棒了！越来越会总结了！"

　　对孩子爱好的培养，绝对不是简单地送到兴趣班，而是要从多角度、多方位刺激和引导。在这个过程中，孩子还能掌握触类旁通的本领，也能从更多角度认识和理解世界，这其实是一种开智的行为。

　　2017 年 11 月，然然报名参加了北京外国语大学举办的阅读之星英语比赛。与之前的比赛不同，这个比赛是一级级地闯关，难度越来越大，比赛的人数越来越少。

第一关是初赛。我们收到比赛通知的时候离比赛开始还有一周。初赛要求参赛者用英语进行才艺表演和背一段英语文章。然然很快就找到了英语文章，由于时间限制，然然对英语文章进行了删减，每天回来把这篇文章背两遍。

至于才艺表演，我建议她唱一首英文歌曲，《疯狂动物城》的主题曲 *Try Everything*。这是我们两个看完电影后下载的，放在曲库里面，每次开车的时候都会一起听，时间长了，她自己就学会了。比赛前她唱了两次，发现有些地方居然都忘了，时间有限，只好草草又听了两次。

初赛的时间到了，我们慌慌张张来到赛场，然然居然在场外吓哭了！我赶紧安慰她。老师宣布进考场时，然然哭哭啼啼地走进去，留下我在外面紧张等待。没过几分钟，然然就笑眯眯地摇着复赛通知书出来了。我问她比赛紧张吗？然然说进去就不紧张了，她唱了 *Try Everything* 后老师说这首歌对于她这个年纪来说偏难了。

回去的路上，我跟然然说，其实这次如果没有晋级也是好事。然然不解，问为什么。

我问她："你这次为什么会吓哭？"

然然："因为我觉得自己不是很熟练，准备得不充分。"

我说："如果这次没过，也很正常，因为我们没有做充分的准备。而且没过也不是坏事，因为这个小小的失败会让你知道，应该认真准备，下次有更重要的机会时你就不会错过了。而这次晋级也不见得就是好事，你没有好好准备就侥幸晋级，下次比赛时你可能会想，不用好好准备也可以晋级，那时就是面对真正的失败了。所以最重要的不是成败，而是你从这里面学会了什么。要记住，成功的背后都隐藏着风险，失败的背后都隐藏着机会。

然然："那我这次晋级了，接下来也认真准备，就能抓住下次的机会了。"

我说："你说得非常好！下面的复赛会随机抽一篇文章让你们读，这个考查的就是你们的词汇量和扎实的阅读功底。这个没有考试范围，必须要大量阅读了，我们每天读3本绘本，怎么样？

然然说没问题。

离复赛还有1个月，然然坚持每天读3本绘本，哪怕出去旅游也坚持完成任务。到比赛那天为止，她累计读了100本书。

她毫无悬念地通过了复赛。参加复赛的有3000人，通过的只有1000人，这1000人进入北京市总决赛，前200名可以继续晋级全国总决赛。而北京市总决赛的难度明显增加了，比赛项目包括一分半钟的故事创编，一分半钟的英文表达和一分钟的看图说话。

与很多家长替孩子写稿不同，一分半钟的故事创编是然然自己写的，而且为了激发她的主动性，我允许她用电脑写。然然激动坏了，自己坐在与她身高明显不匹配的电脑前写稿。因为不会打字，她完全就是"一指禅"，但这丝毫不能阻挡她创作的热情，遇到不会的单词她就百度搜索，每天写完作业以后她就开始了漫长的写作之路。终于在第三天，然然把故事写完了，写了300多字，几乎没有什么语法错误。

我事先请教了孩子参加过比赛的同事，她告诉我，比赛中舞台表现力是拉开分数的决定性因素，我深以为然。正好有个朋友的孩子班里排节目，请了中戏的老师做指导，我就联系上了这个老师，请她给然然的故事设计了一套动作，指导费用为每小时300元。

上完指导课回到家里已经是晚上九点半了，我问然然："你觉得我们今天跑这一趟值吗？"然然说："我觉得值。"我说："你看到了，我们在比赛前做最充分的准备是什么意思？就是把能想到的办法都用上，能利用的资源都利用上。这样，即使失败了，我们也不遗憾。"为了比赛时不因为紧张而影响发挥，我要求然然必须熟练地表演故事。她首先做的是每天把故事背三遍，内容都背熟了以后，再加动作。每天放学回来，我都要她表演几遍。一次次重来，然然完全疲惫了，我说："这样吧，妈妈演一遍，你演一遍，我们互相提建议。"

我们两个互相给对方录视频，录完以后再针对表演中出现的问题互相指正。然然又有了兴趣，经过几轮练习，明显进步了很多，但是表现力还不够充分，需要进一步打磨。

有一天然然回来，说班里要开元旦联欢会，要求每个同学出一个节目。我建议她演我们之前一直在练习的英语故事，然然说她要唱首歌。我拿出他们班的节目名单给他看，班里三分之二的同学都报了唱歌，我说："如果你想让大家记住你，就必须与众不同。"

然然看到有一个同学报了魔术，也要演魔术。她有一本魔术书，晚上就拿着里面的魔术道具给我们表演，结果总是穿帮。她非常沮丧，觉得演不好魔术了。

我忽然想到，这个节目好好准备，也许英语比赛或者以后别的比赛能用到。于是跟然然说："都是魔术，有的魔术也可以与众不同，你还记得我们一起看过的《笑傲江湖》吗？里面有搞笑魔术。"

说完我立刻打开电视，找到了那一期，带着然然反复看了几遍那个搞笑魔术。她立刻有了兴趣，拿了道具开始模仿电视里面的人表演。晚上爸爸回来然然又给爸爸表演，爸爸乐得哈哈大笑。我说，"然然，没问题，你就演这个，肯定能收到非常好的效果。"为了节目达到最好的效果，让然然有最好的体验，我又特意跑到朋友那里借了一套魔术师的服装。然然穿上魔术师的服装在家又反复演练了几遍，就信心百倍地去参加演出了。

放学回来，她开心地说："妈妈，我今天演得很好，全班的人都看得特别专心，他们都笑了。"末了她加上一句："妈妈你说得对，我确实是与众不同的。"

我从这件事情上得出三点启示：

第一，学表演不一定需要花钱，我想达到好的舞台效果，不一定非要去请中戏的老师，网络视频完全可以充当老师的角色。而平时带给我们快乐的节目，成了学习表演的教科书。

第二，我更深刻地理解机会垂青有准备的头脑，这次的魔术表演，完全可以作为比赛的素材，只需要把汉语翻译成英语就可以，这大大节省了时间。

第三，学习的内容之间彼此有联系。通过观摩魔术表演，激发了然然英语故事表演的灵感，她的表现力大大提高。

2017 年 12 月 31 日，然然迎来了北京市总决赛，不出我所料，她发挥得很稳定。根据现场观摩对比，我觉得然然最差能拿到二等奖，但也非常有希望冲击一等奖。善于学习总结的然然在自己比赛后坚持看完了其他选手的表现，我们两个直到最后一个选手结束了展示才离开赛场。

我问然然："你觉得这些选手表现得怎样？"

然然说："我觉得好多人不怎么样，有的都忘词了，有的拿着稿子。"

我说："你说得没错！那你觉得大家英语水平差距大吗？如果不大的话为什么表现差别这么大呢？"

然然说："我觉得大家英语水平都差不多，但是每个人做的准备不同。"

我说："你说得对！大家最大的差别在准备的态度上！你上台是不是也紧张，但是你为什么没有忘词？"

然然说："我也紧张，但是因为我背得太熟练了，所以我不会忘词。"

我说："是的，除了熟练，我看到所有的评委都给你鼓掌了，还有的评委在你讲的时候笑了，你知道为什么吗？"

然然说："我看除了我和另一个小男孩在讲故事的时候有表演，其他人都在那里背。"

我说："说对了！因为你们两个的表现力很强，所以给大家留下了深刻的印象，这就是你们的与众不同之处啊！如果接下来能进军全国总决赛，你一定要继续抓住这个与众不同的特长。"

果不其然，比赛结果出来了，然然获得北京市总决赛一等奖，顺利进入全国总决赛。现在离比赛还有一个多月，但早就了解比赛前要充分准备的然然已经再次自己写稿。与之前不同，然然不再说不当第一也很好，她明确地告诉我："妈妈，我想赢。"

我肯定了她的想法，并鼓励她要拿冠军！

然然说："冠军也许拿不了，但妈妈说过，不试试哪知道自己行不行呢？我们不就是在一次次的实践中，闯关成功的吗？我们努力去尝试，梦想也许就能实现了呢！"

魏曼

2018 年 1 月 10 日写于北京